新版 中等职业学校装备制造大类专业规划教材

钳工工艺与技能训练

主　编　吴光文　杨小刚　龙中江

副主编　张光铃　石正伟　田应炜　李名政

参　编　高世生　刘　锲　冉　涛　陈秋竹　王　镇
　　　　黄　磊　谭儒洪　王　彦　王　姣　冉　俊
　　　　许立生　鄢真真　刘享友　毛兴燕　向　霞
　　　　王　英　向小红　邹东平　邓光胜

主　审　邱　庆　杨　乐

西南大学出版社

SWUP 国家一级出版社 全国百佳图书出版单位

图书在版编目(CIP)数据

钳工工艺与技能训练 / 吴光文, 杨小刚, 龙中江主编. -- 重庆 : 西南大学出版社, 2022.4
ISBN 978-7-5697-0962-9

Ⅰ. ①钳… Ⅱ. ①吴… ②杨… ③龙… Ⅲ. ①钳工—工艺—中等专业学校—教材 Ⅳ. ①TG9

中国版本图书馆CIP数据核字(2021)第127073号

钳工工艺与技能训练

主编:吴光文　杨小刚　龙中江

责任编辑:曾　文
责任校对:曾庆军
封面设计:汤　立
排　　版:夏　洁
出版发行:西南大学出版社(原西南师范大学出版社)
地址:重庆市北碚区天生路2号
市场营销部电话:023-68868624
邮编:400715
印　　刷:重庆紫石东南印务有限公司
幅面尺寸:185 mm×260 mm
印　　张:13.5
字　　数:322千字
版　　次:2022年4月　第1版
印　　次:2022年4月　第1次
书　　号:ISBN 978-7-5697-0962-9

定　　价:48.00元

前言
QIANYAN

本书依据《国家职业标准》初级钳工的工作要求和《国家职业技能鉴定规范》进行编写，用于钳工的知识学习和技能培训。全书在保证知识连贯性的基础上，着眼于钳工基本操作技能的学习，力求突出针对性、典型性、实用性。

本书是新版中等职业学校机械类专业教材之一，分钳工技能基本知识和实训工作页两部分。第一部分主要包括走进钳工、零件划线、金属锯削、金属錾削、金属锉削、金属钻削、螺纹加工和综合训练8个项目；第二部分主要包括平面划线、锯削钢件、锯割型材、錾削狭平面、錾削直槽、錾削大平面、锉削正方形、锉削正方体、锉削六方体、孔加工、攻丝、相配燕尾板、制作鸭嘴锤头等共17个技能训练实训工作页。

本书可作为中职学校加工制造类钳工技能与训练的教学用书，同时也可作为机械、数控、钳工、模具、机电、汽修维修等专业的培训用书。

本书在内容上，贯彻“循序渐进”“少而精”及“以例代理”和“以图代理”的原则，有利于学生自学和教师授课。在结构上，从中职学校学生基础能力出发，遵循专业理论的学习规律和技能的形成规律，按照由简到难的顺序，学习钳工技能及相关的理论知识，避免理论教学与实践相脱节。在形式上，通过“小提示”等模块和形式，引导学生思考，突出关键部分和重点、难点。另外，本书针对重要的知识点开发了大量的动画（视频）资源，并以二维码的形式嵌入书中，可以通过扫描二维码的形式观看，能够更加直观和形象地理解和练习相关操作。

本教材由吴光文、杨小刚、龙中江担任主编。项目一及实训工作页由重庆市酉阳职业教育中心吴光文、刘锲、重庆市渝北职业教育中心鄢真真编写；项目二及实训工作页由重庆市渝北职业教育中心张光铃、重庆市酉阳职业教育中心陈秋竹、王镇编写；项目三及实训工作页由重庆市酉阳职业教育中心石正伟、冉涛、重庆市荣昌区职业教育中心刘享友编写；项目四及实训工作页由重庆市酉阳职业教育中心田应炜、邓光胜，重庆市彭水职业教育中心邹东平编写；项目五及实训工作页由重庆市酉阳职业教育中心黄磊、谭儒洪、重庆市渝北职业教育中心王英编写；项目六及实训工作页由重庆市酉阳职业教育中心龙中江、王彦、王姣编写；项目七及实训工作页由重庆市酉阳职业教育中心冉俊、许立生，重庆市荣昌区职业教育中心高世生编写；项目八及实训工作页由重庆机械技师学院李名政、重庆市黔江区职业教育中心毛兴燕、重庆市涪陵区职业教育中心向霞、向小红编写。重庆机械技师学院杨小刚对全书进行了统筹，重庆机械技师学院邱庆、重庆铁路运输技师学院杨乐对全书进行了审稿。本教材的编写得到了重庆昭信教育研究院刘显忠、卜波波的倾力指导和帮助，在此表示衷心感谢。

由于编写水平有限，书中难免存在错误和不妥之处，恳请广大读者批评指正。

目 录

MULU

二维码资源目录

ERWEIMA ZIYUAN MULU

温馨提示：扫一扫书中二维码，了解钳工更多知识！

项目一　走进钳工

教学内容

入门钳工与安全文明生产；

初识钳工的场地和设备；

钳工常用量具的选择及测量。

扫码看微课

钳工概述

教学目标

【知识目标】

能说出钳工的主要任务；

能讲出钳工的规章制度和安全文明要求；

能说出钳工常用的设备名称；

能说出常用工具、量具名称。

【能力目标】

工具、量具的使用和保养；

台虎钳的使用与保养。

【素养目标】

具备一定的安全常识；

具备一定的适应环境能力。

任务实施

任务一　入门钳工与安全文明生产

随着机械工业的发展，许多繁重的工作已被机械加工所代替，但有些精度高、形状复杂零件的加工，设备的安装调试和维修等都是机械难以完成的，这些工作仍需要用钳工的技艺去完成。

一、钳工工作认知

钳工是使用手工工具并经常在台虎钳上进行手工操作的一个工种。钳工主要从事各种辅具、量具、刀具、夹具、模具的加工，以及各种专用设备、机械设备的制造、装配和修理。钳工工作主要以手工方法，利用各种工具和常用设备对金属进行加工。在实际工作中，有些机械加工不太适宜或不能解决的工作，还是需要由钳工完成，比如设备的组装及维修等。

1. 钳工的主要任务及种类

(1)钳工的主要任务

钳工的主要任务有加工零件、装配、设备维修、制造和修理等。

①加工零件。一些采用机械方法不适宜或不能解决的加工，都可由钳工来完成。例如，零件加工过程中的划线、精密加工(如刮削、研磨等)等。

②装配。把零件按机械设备的装配技术要求进行组件、部件装配及总装配，并经过调整、检验、试车等，使之成为合格的机械设备。

③设备维修。当机械设备在使用过程中发生故障、出现损坏或长期使用后精度降低影响使用时，也要通过钳工进行维护和修理。

④制造和修理。钳工可以用来制造和修理各种刀具、量具、夹具、模具、辅助和各种专业设备。根据钳工的主要任务，钳工的基本操作包括划线、錾削、锉削、锯削、钻孔、扩孔、锪孔、铰孔、攻丝与套丝、弯曲与矫正、刮削、研磨，以及对部件或机器进行装配、调试、维修等。

(2)钳工的种类

随着加工制造业的高速发展，钳工的工作范围日益广泛，专业分工更细，由于钳工技术应用的广泛性，钳工目前有了专业性分工，如装配钳工、机修钳工、工具钳工等，以适应不同工作和不同场合的需要。

钳工按工作内容性质来分，主要有以下3类。

①装配钳工：主要从事机器设备的加工、装配、调整工作。

②机修钳工：主要从事机器设备的安装、调试和维修。

③工具钳工：主要从事夹具、量具、辅具、模具、刀具的制造和修理。

不论哪种钳工，首先都应全面掌握钳工的技术知识和各项基本操作技能，如划线、锯削、錾削、锉削、钻孔、扩孔、锪孔、铰孔、攻丝、套丝、矫正、弯曲、铆接、粘接、刮削、研磨以及基本测量技能和简单的热处理等，然后再根据分工进一步学习，掌握好零件、产品和设备的加工、装配、修理等技能。

2. 钳工的基本操作

钳工基本操作的项目较多，各项技能的学习、掌握又具有一定的相互依赖关系，钳工的基本操作就是和谐地控制行为，由有意识地练习而形成高质量的动作技巧。钳工的最终目标是训练我们灵巧的双手加工出美轮美奂的现代化产品。我们必须循序渐进，由易到难，由简单到复杂，按要求一步一步地学习、掌握每项技能。要自觉遵守纪律，有吃苦耐劳的精神，严格按照每个项目和任务的要求进行操作，只有这样，才能形成真正的技能。无论是哪一种钳工，要想完成好本职工作，首先应该掌握钳工的基本操作。

表 1-1-1 钳工各项基本操作内容和用途

基本操作	主要用途
划线	合理分配各加工表面的余量，检查毛坯外形尺寸是否合乎要求
錾削	加工平面和沟槽，切断工件，分割板料，清理毛坯上的毛刺、飞边等
锯削	分割材料或工件
锉削	锉平面、曲面、沟槽、内外角及各种形状的配合表面等
钻孔	在实体工件上加工孔
扩孔	扩大工件上已有孔
锪孔	在工件已有孔上加工沉头孔和孔口凸台、端面
铰孔	精加工工件上已有孔
攻螺纹	加工内螺纹
套螺纹	加工外螺纹
矫正与弯曲	消除材料或工件的翘曲、凹凸不平，将坯料按所需形状进行弯曲
铆接	连接两个或两个以上的工件
刮削	加工相互配合的重要滑动表面
研磨	精加工工件表面
装配	将加工好的合格零件组合成组件、部件或机器

3. 钳工的特点

(1)加工灵活、方便，能够加工形状复杂、质量要求较高的零件。

(2)工具简单，制造刃磨方便，材料来源充足，成本低。

(3)劳动强度大，生产率低，对工人技术水平要求较高。

4. 钳工的加工范围

(1)加工前的准备工作。如清理毛坯，在工件上划线等。

(2)加工精密零件。如锉样板、刮削或研磨机器量具的配合表面等。

(3)零件装配成机器时互相配合零件的调整，整台机器的组装、试车、调试等。

(4)机器设备的保养维护。

【小提示】

钳工是机械制造业中的重要工种，其技术水平与劳动价值相辅相成，成就技艺，需要刻苦钻研，匠心打造。无论从事哪类钳工工作，都需具备扎实的钳工基本操作技能，才能在实践中不断掌握工艺方法，提升操作技能、技巧，与时俱进，跟上和适应先进生产技术的工作需求。

二、安全文明生产

1.钳工工作场地

钳工工作场地是指钳工的固定工作地点。为工作方便，便于实习教学指导，钳工工作场地布局一定要合理并符合安全文明生产的要求。

(1)工作场地布局应合理

工作台应放置在光线适宜、工作方便的地方，工作台与工作台之间的距离应适当。砂轮机、钻床应放置在独立的工作间内。

(2)材料与工件应分放

材料与工件要分别摆放整齐，工件尽量放在搁架上，以免磕碰。

(3)工具、量具应合理摆放

常用工具、量具应放在工作位置附近，便于随时取用，用后应及时放回原处，以免损坏。

(4)实习场地应保持整洁

每天实习完成后，应按要求对设备进行清理、保养，并把实习场地打扫干净。

2.钳工安全生产的基本要求

安全文明生产的目的是保护劳动者在生产、经营活动中的人身安全和财产安全。在工作中养成良好的安全文明生产习惯，严格遵守安全生产的各项规程是保障顺利完成工作的前提。钳工除了在生产实践中严格按《切削加工通用工艺守则》执行外，还应注意以下要求。

(1)工作前按要求穿戴好防护用品(如穿工作服、戴工作帽等)。

(2)不准擅自使用不熟悉的机床、工具和量具，严禁戴手套操作机床。

(3)使用电动工具时，要有绝缘防护和安全接地措施；使用砂轮机时，要戴好防护眼镜。

(4)用刷子清理铁屑时，不要用棉纱擦或用嘴吹，更不允许用手直接去清除铁屑。

(5)工具、量具要排列整齐、安放平稳、保证安全、便于取放。在钳台上工作时，为了取用方便，右手取用的工具、量具放在右边，左手取用的工具、量具放在左边，严禁乱堆乱放。

(6)量具不能与工具或工件混放在一起，应放在量具盒内或专用格架上。

(7)工具、量具用完后，要清理干净，整齐地放入工具箱内，不应任意堆放，以防损坏和取用不便。

※任务小结

1.钳工的主要任务及其种类。

2.钳工工作场地的基本要求。

3.安全文明生产基本要求和安全意识的确立。

任务二　初识钳工的场地和设备

一、钳工常用设备及其使用要求

1. 工作台

工作台简称钳台，常用硬质木板或钢材制成，要求坚实、平稳；台面高度800~900 mm，台面上装有虎钳和防护网，如图1-2-1所示。

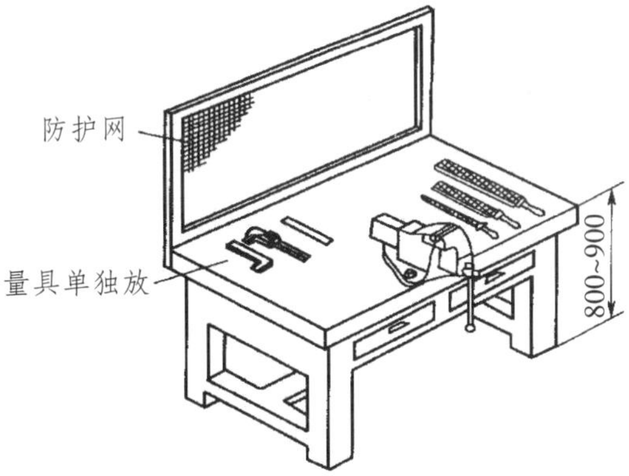

图1-2-1　工作台

2. 台虎钳

台虎钳是用来夹持工件的工具，其规格以钳口的宽度来表示，常用的有100 mm、125 mm、150 mm等，如图1-2-2所示。

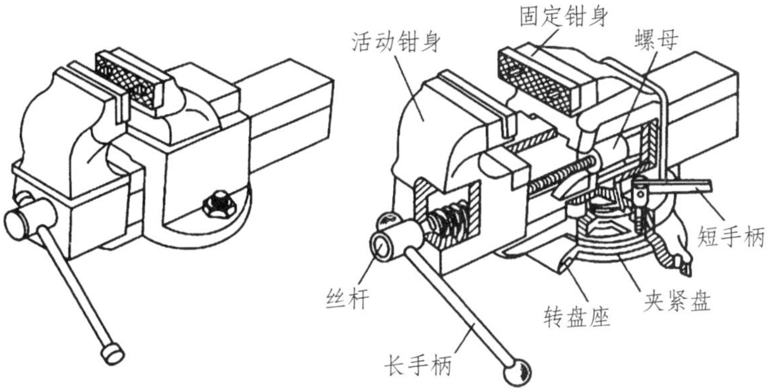

(a)固定式　(b)回转式

图1-2-2　台虎钳

扫码看微课

台虎钳

3. 砂轮机

砂轮机，如图1-2-3所示，常用来磨削各种刀具或工具，如划针、样冲、钻头和錾子等。砂轮机由电动机、砂轮、机座和防护罩等组成，为了减少尘埃污染，还应配有吸尘装置。

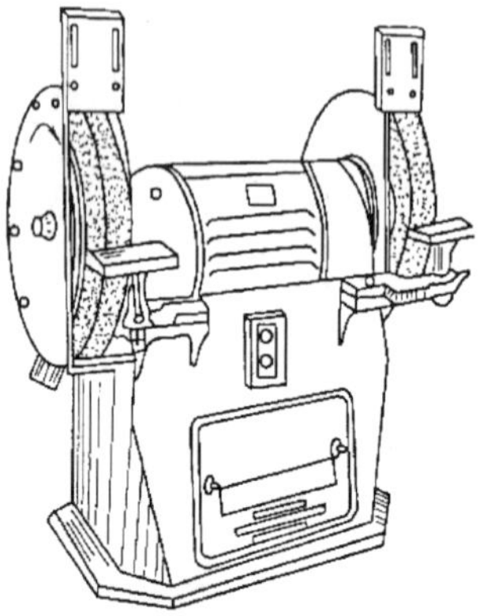

图1-2-3　砂轮机

二、钳工常用设备的操作及保养

1.熟悉钳工工作场地

钳工工作场地是钳工生产或实习的场所，熟悉钳工工作场地，了解场地内的主要设施、设备，理解钳工安全文明生产的基本要求，是每个学生入门学习的必修课。

（1）参观钳工实训场地

参观钳工实训场地，认识主要钳工设备，如台虎钳、工作台、砂轮机、台钻等。有条件的可组织学生到机械厂生产现场参观学习。

（2）检查钳工工位高度

检查各自钳工工位高度是否合适。检查的方法是人在台虎钳前站立，握拳、弯曲手臂，使拳头低抵下颚，手肘下端应刚好在钳口上面。否则，需要调钳台高度或在地面垫脚踏板以提高人的高度。

（3）学习钳工安全文明生产的基本要求

逐条学习钳工安全文明生产的基本要求，对照场地、设备进行检查。按照安全文明生产的基本要求在钳台上摆放工具、量具等物品。

2.操作台虎钳

（1）夹紧工件时，依靠手的力量，顺时针转动长手柄来移动活动钳身从而夹紧工件，反之是松动工件。

（2）学生反复练习台虎钳装夹工件，要求将工件装夹在台虎钳钳口的中部，工件上表面距离钳口面10~15 mm，如图1-2-4所示。同时，应对其进行保养，活动钳身部位、丝杆和螺母并涂油。

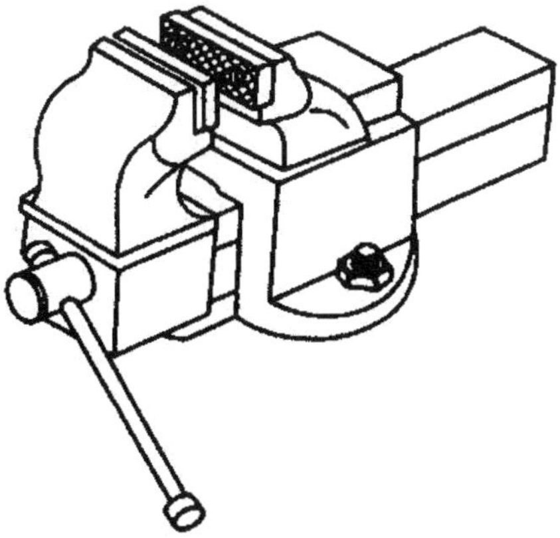

图1-2-4 装夹工件

(3)将台虎钳的上部进行旋转练习。顺时针转动短手柄(锁紧螺钉),上部随即松动,此时转动上部到合适位置并锁紧。反复练习。

【小提示】

(1)工件尽量夹在钳口中部,以使钳口受力均匀。

(2)夹紧后的工件应稳定可靠,以便于加工,且不产生变形。

(3)夹紧工件时,一般只允许依靠手的力量来扳动手柄,不能用手锤敲击手柄或随意套上长管子来扳动手柄,以免损坏丝杆、螺母或钳身。

(4)不要在活动钳身的光滑表面进行敲击作业,以免降低配合性能。

✲任务小结

1. 钳工常用设备的使用要求。

2. 熟悉钳工工作场地,了解钳工常用设备。

3. 学会台虎钳的装拆与保养。

任务三　钳工常用量具的选择及测量

为了确保工件和产品的质量，必须对加工完毕的工件进行严格的测量。掌握正确的测量方法，能够读懂准确的测量数值，是钳工完成加工工作的一个重要保障。在钳工的工作中，检验零件的质量和装配精度，需要借助各种工具和相关检验知识进行测量判定，根据加工需要合理选用量具并进行正确测量。用来测量工件尺寸和形状的工具，称为量具或量仪。量具种类很多，按用途及特点的不同，可分为通用量具（游标卡尺、游标万能角度尺、千分尺、指示表、直角尺、塞尺等）、专用量具（塞规、卡规等）和标准量具（量块等）。

扫码看微课

游标卡尺的认识

一、游标卡尺及其使用方法

1.游标卡尺的结构和用途

游标卡尺（简称卡尺）的外形结构种类较多，最常用的三种类型见表1-3-1所示。

表1-3-1　常用游标卡尺（mm）

种类	结构图	用途	测量范围	游标读数值
Ⅰ型卡尺	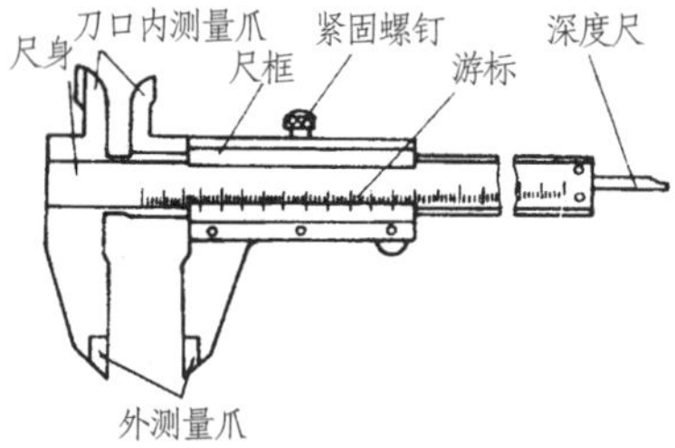	可测内、外尺寸深度，孔距，环形壁厚，沟槽	0~150	0.02 0.05
Ⅱ型卡尺	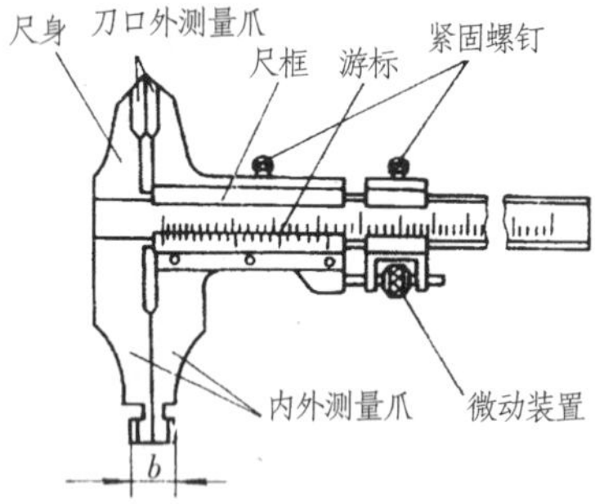	可测内、外尺寸孔距，环形壁厚，沟槽	0~200 0~300	0.02 0.25
Ⅲ型卡尺	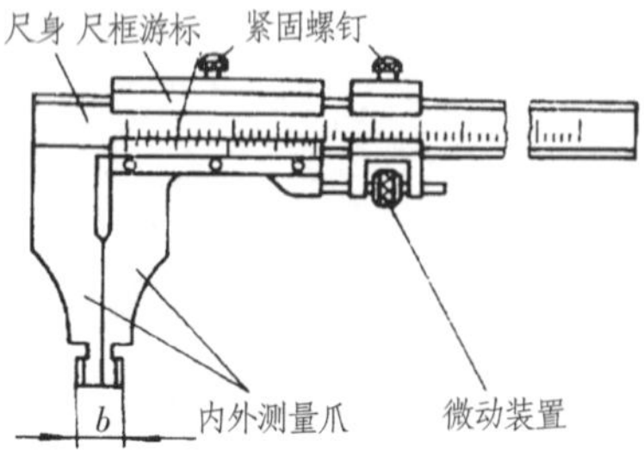	可测内、外尺寸孔距	0~200	0.02 0.05
			0~500	0.02 0.05 0.1
			0~1000	0.05 0.1

2.游标卡尺的刻线原理和读数方法

游标量具读数部分由尺身与游标组成。其原理是利用尺身刻线间距与游标刻线间距之差来进行小数读数。通常尺身刻线间距 a 为 1 mm，尺身刻线（n−1）格的宽度等于游标刻线 n 格的宽度，常用的有 n=10、n=20 和 n=50 三种。则游标的刻线间距 $b=\frac{(n-1)}{n}\times a$，$b$ 有 0.90 mm、0.95 mm、0.98 mm 三种。而尺身刻线间距与游标刻线间距之差为游标读数值（即游标分度值），用 i 表示，$i=a-b=a/n$。此时 i 分别为 0.1 mm、0.05 mm、0.02 mm。根据这个道理，游标沿着尺身移动，即可使游标和尺身上的某一刻线对齐，得出被测长度尺寸的整数和小数部分，如图 1-3-1 所示。

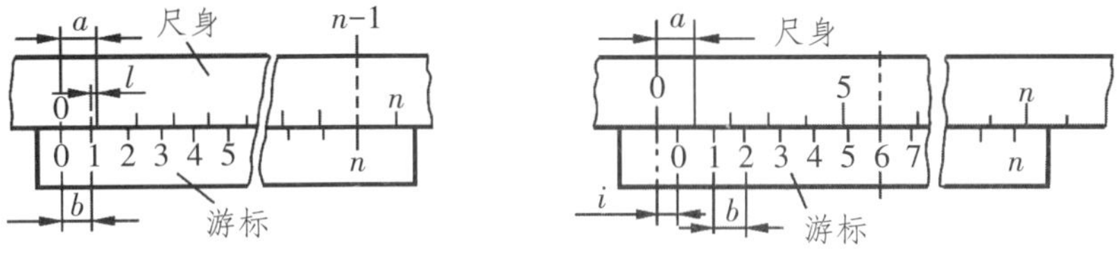

（a）　　（b）

图1-3-1　游标刻线原理

扫码看微课

游标卡尺的使用

常见的游标量具的读数值类型和刻线图例见表 1-3-2。

表 1-3-2　游标刻线类型及读数图例（mm）

游标读数值（i）	尺身刻线间距（a）	游线刻线间距（b）	游标刻线格数（n）	游标系数（r）	游标刻线总长（l）	游标刻线类型图例	读数图例	读数值
0.1	1	0.9	10	1	9	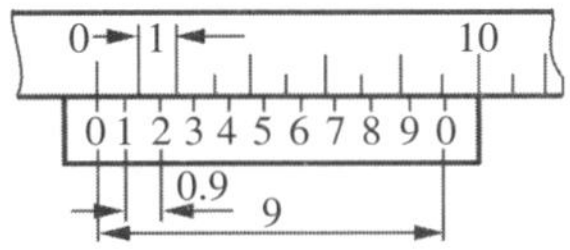	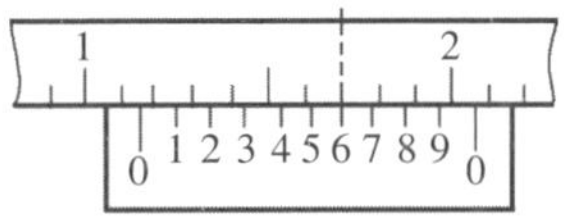	
	1	1.9	10	2	19	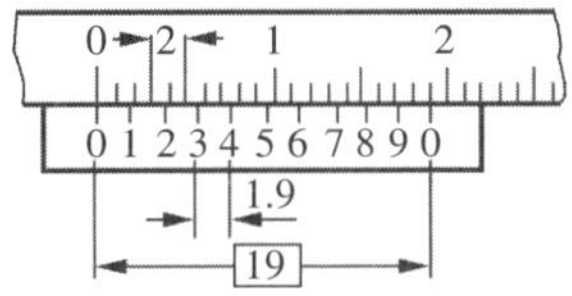	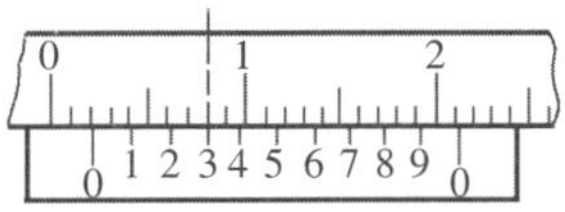	
0.05	1	0.95	20	1	19	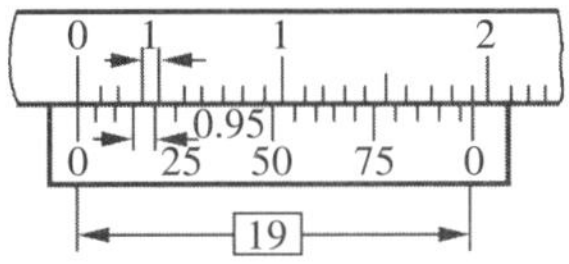	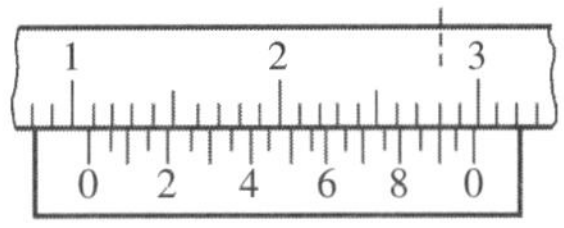	
	1	1.95	20	2	39	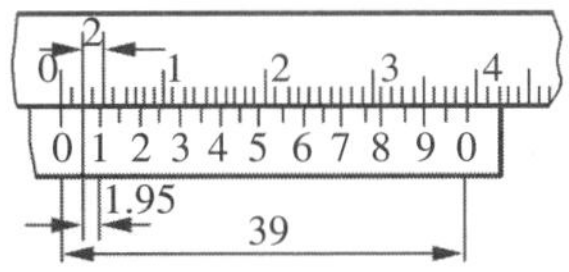	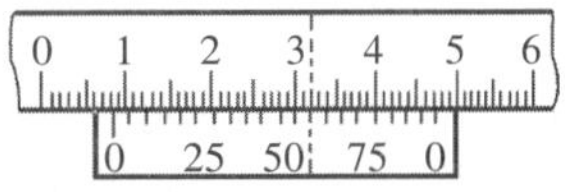	
0.02	1	0.98	50	1	49	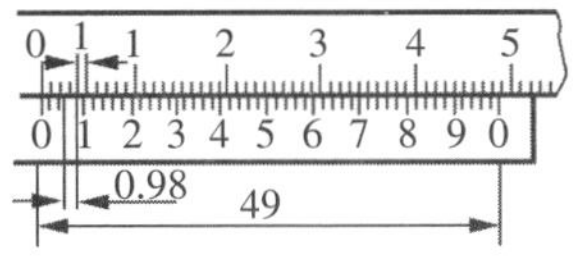		

读数时，首先根据游标零线所处位置，读出尺身刻度的整数部分；其次判断游标的第几条刻线与尺身刻线对齐，此游标刻线的序号乘上游标读数值，即可得到小数部分的读数，将整数部分和小数部分相加，即为测量结果。

表1-3-2中第四例说明如下，游标读数值为0.05 mm，先读出整数8 mm，然后根据游标上第12根刻线与尺身刻线对齐，读出小数为0.60 mm，被测工件尺寸则为8 mm+0.60 mm=8.60 mm。

若把游标的刻线间距b分别增大为1.9 mm和1.95 mm时，使尺身两格与游标刻线一格的间距差分别为0.1 mm和0.05 mm，即$i=ra-b$。

这样，可使游标读数更加方便，其刻线原理和读数方法与上述相同，r为游标系数（通常取1或2）。

3. 游标卡尺的使用方法

游标卡尺的用途很广，只有正确的使用，才能保证其测量精度，如图1-3-2所示。

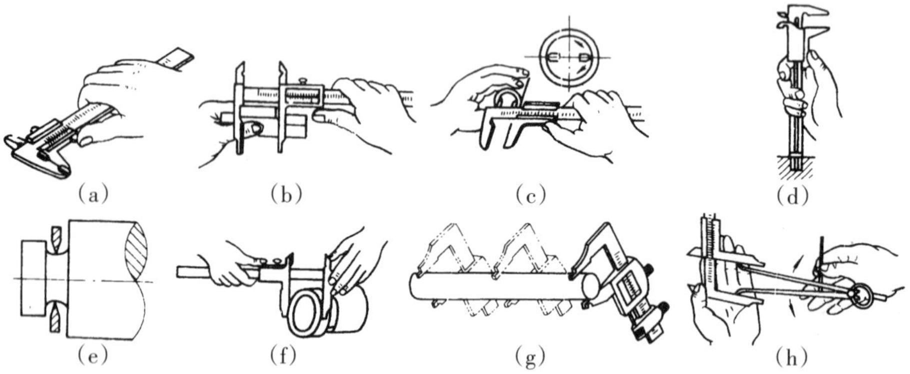

(a)使用前，检查零线是否对齐；(b)测量外部尺寸的方法；(c)测量内孔的方法；(d)测量深度的方法；(e)测量沟槽的方法；(f)测量较大外径的方法；(g)测量较长件的方法；(h)用游标卡尺校准卡钳读数的方法

图1-3-2 游标卡尺的正确使用方法

4. 使用游标卡尺的注意事项

测量前要将卡尺的测量面用软布擦干净，卡尺的两个量爪合拢，应不透光。量爪合拢后，游标零线应与尺身零线对齐。

测量时，应使两爪轻轻接触零件被测表面，量爪摆正，不能歪斜。

读数时，视线应与尺身表面垂直，避免产生视觉误差。

5. 游标卡尺的维护保养

（1）绝对禁止把游标卡尺的两个量爪当作扳手或划线工具使用。

（2）游标卡尺受到损伤后，绝对不允许用手锤、锉刀等工具自行修理，应交专门修理部门修理，经检定合格后才能使用。

（3）不可用砂布或普通磨料（金刚砂）来擦除刻度尺表面的锈迹和污物。

(4)不可在游标卡尺的刻线处打钢印或记号,否则将造成刻线不准确。必要时,允许用电刻法或化学法刻蚀记号。

(5)卡尺不要放在磁场附近,以免卡尺被磁化。

(6)游标卡尺应平放,避免造成变形。不要将游标卡尺与其他工具堆放,或在工具箱中随意丢放。使用完毕时,应放置在专用盒内,防止弄脏生锈。

6.其他类型的游标量具

其他游标量具有深度游标卡尺、高度游标卡尺和齿厚游标卡尺等,其刻线原理和使用保养基本上同于游标卡尺,如图1-3-3所示。

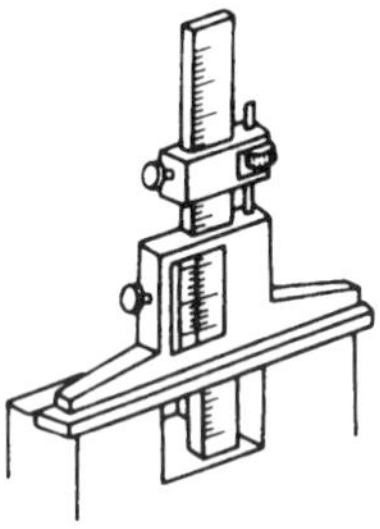

(a)深度游标卡尺

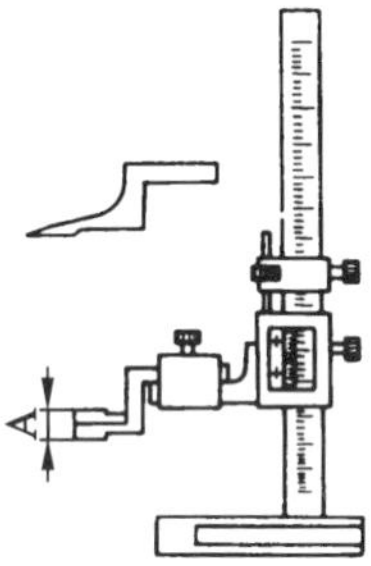

(b)高度游标卡尺

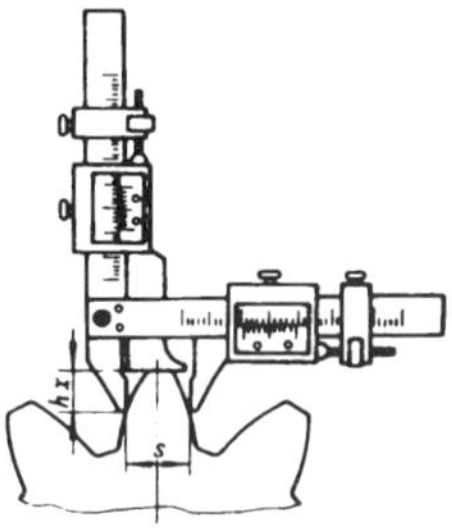

(c)齿厚游标卡尺

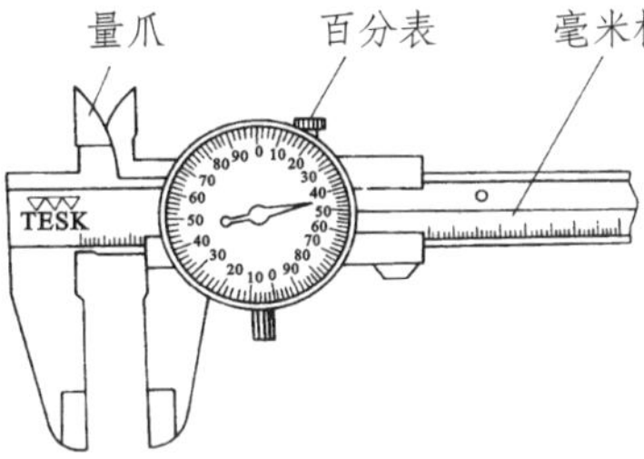

(d)带表卡尺

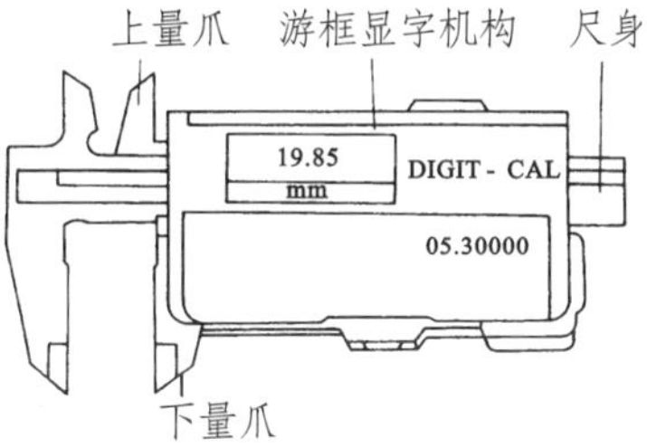

(e)数显卡尺

图1-3-3　其他类型的游标量具

扫码看微课

千分尺的认识

三、测微量具

测微量具是应用螺旋副原理制成的量具,是工厂车间条件下常用的精密量具。

测微量具按用途一般分外径千分尺(一般称千分尺)、内径千分尺、杠杆千分尺、深度千分尺、壁厚千分尺、公法线千分尺等。

1.千分尺的结构

千分尺主要由尺架、测微装置(含测微螺杆、固定套筒等)、测力装置和锁紧装置等组成。它的结构如图1-3-4所示。

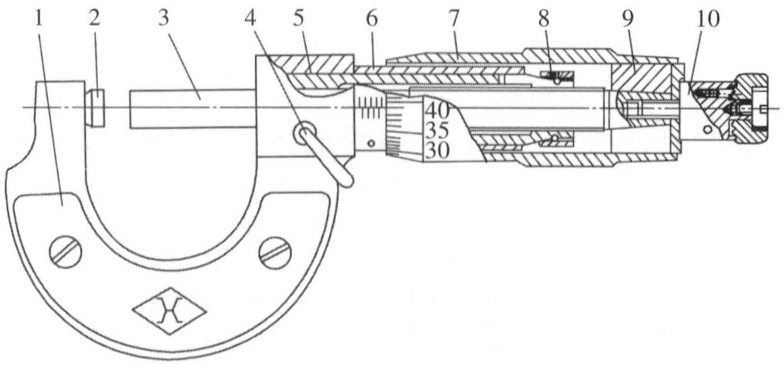

1–尺架；2–砧座；3–测微螺杆；4–锁紧装置；5–螺纹轴套；
6–固定套管；7–微分筒；8–螺母；9–接头；10–测力装置

图1–3–4　千分尺

图中测微装置，由固定套管用螺钉固定在螺纹轴套上，并与尺架紧配结合成一体。测微螺杆的一端是测量杆，它的中部外螺纹与螺纹轴套上的内螺纹精密配合；另一端的外圆锥与接头的内圆锥相配，并通过顶端的内螺纹与测力装置联接。螺纹旋紧时，测力装置通过垫片紧压接头，而接头上开有轴向槽，能沿着测微螺杆上的外圆锥胀大，使微分筒与测微螺杆和测力装置结合在一起。当旋转测力装置时，就带动测微螺杆和微分筒一起转，沿精密螺纹的轴线方向运动，使两个测量面之间的距离发生变化。

千分尺测微螺杆的移动量一般为25 mm，少数大型千分尺也有制成50 mm的。测量范围大于300 mm的千分尺，其砧座采用可换或可调测杆来增大测量范围，如图1–3–5所示。

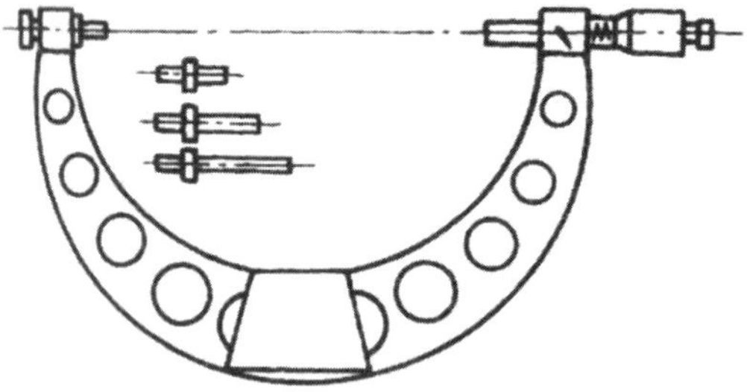

图1–3–5　附可换砧座千分尺

扫码看微课

千分尺的读数与调零

2. 千分尺的读数原理

在千分尺的固定套筒上刻有轴向中线，作为微分筒读数的基准线。在中线的两侧，刻有两排刻线，刻线间距均为1 mm，上下两排相互错开0.5 mm。测微螺杆的螺距为0.5 mm，与螺杆固定在一起的微分筒的外圆周上有50等分的刻度。当微分筒转一周时，螺杆的轴向位移为0.5 mm。如微分筒只转一格时，则螺杆的轴向位移为：0.5/50=0.01 mm。这样就可以根据微分筒上的刻线，读出螺杆轴向位移的小数部分。

读数时，应做到先读整数，再加小数，即先在固定套筒的刻线上读出整数，然后，把微分筒圆周刻线上读出的小数部分加上去，就是被测零件的尺寸。

例:读出图1-3-6中外径千分尺的读数

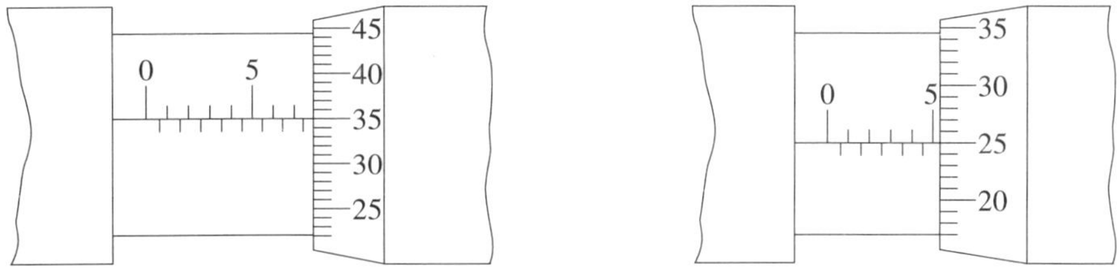

(a) (b)

图1-3-6 千分尺读数示例

(a)图中可以看出,外径千分尺的读数=7+0.5+0.01×35=7.85 mm。

(b)图中可以看出,外径千分尺的读数=5+0.01×25=5.25 mm。

3.千分尺的测量范围和精度

千分尺的测量范围分0~25 mm,25~50 mm,50~75 mm等,间隔为25 mm,应按被测零件大小来选用。千分尺的分度值为0.01 mm。

千分尺的制造精度,主要由它的示值误差和测量面的平面平行度误差的大小来决定。制造精度可分为0级和1级两种,0级精度较高。

4.千分尺的使用

测量之前转动千分尺的测力装置上的棘轮,使两个测量面合拢,检查测量面间是否紧密贴合,同时观察微分筒上的零件与固定套筒的中线是否对齐,如有零位偏差,应进行调整。

测量时先用手转动千分尺的微分筒,待测微螺杆的测量面接近工件被测表面时,再转动测力装置上的棘轮,使测微螺杆的测量面接触工件表面,听到2~3声"咔咔"声后即停止转动,此时已得到合适的测量力,可读取数值。不可用力猛转微分筒,以免使测量力过大而影响测量精度,严重时还会损坏螺纹传动副。

使用时,千分尺的测微螺杆的轴线应垂直零件被测表面。读数时最好不从工件上取下千分尺,如需取下读数,应先锁紧测微螺杆,然后轻轻取下,已防止尺寸变动产生测量误差。读数时应特别注意分清整数部分和0.5 mm的刻线。

三、指示量具

百分表的分度值为0.01 mm,普通型百分表的测量范围为0~3 mm、0~5 mm和0~10 mm。它可用来测量机器零件的各种几何形状偏差和表面相互位置偏差,也可测量工件的长度尺寸。

1.百分表的结构

百分表是齿轮传动式测微量具,结构如图1-3-7所示。它具有外廓尺寸小、质量轻、使用方便等特点。

2.百分表的工作原理

百分表的工作原理,是将测杆的直线位移,经过齿条与齿轮传动,转变为角位移。传动系统原理如图1-3-8所示。

测杆上齿条与轴齿轮啮合，和轴齿轮同轴的齿轮与装有大指针的中心齿轮啮合，因此测量杆的移动可使指针在表盘上摆动。为了消除由于齿轮啮合间隙引起的误差，在细丝弹簧的作用下，和小指针固联的齿轮也与中心齿轮始终保持单面啮合。而复位弹簧使测量杆保持在一定位置，测量时可产生一定的测量力。

百分表的刻度盘圆周上刻成100等份，当大指针转动1周而测量杆的移动为1 mm时，表盘每格的读数值即为0.01 mm。小指针用以指示大指针的回转圈数。

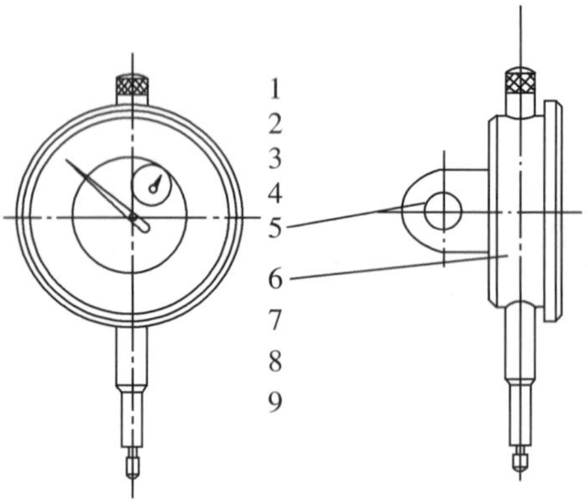

1-表盘；2-表较大；3-转数指示盘；4-主指针；
5-耳环；6-表体；7-轴套；8-量杆；9-测量头

图1-3-7　百分表

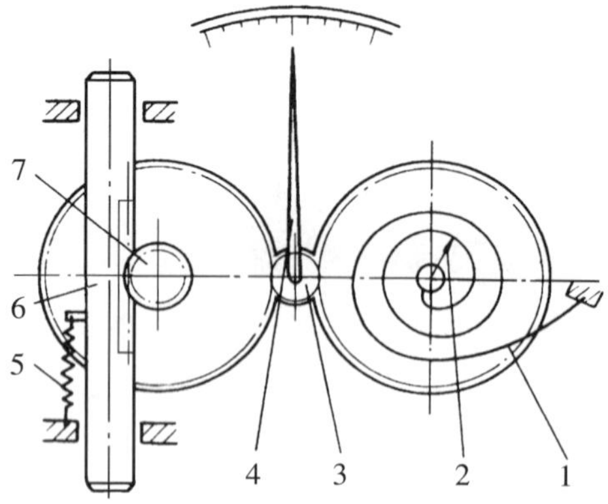

1-细丝弹簧；2-小指针；3-中心齿轮；
4-大指针；5-复位弹簧；6-测杆；7-轴齿轮

图1-3-8　百分表传动系统原理

3.百分表的使用方法

(1)固定方式

使用百分表测量工件时，必须把它固定在可靠的支架(表架)上。常见固定方式如图1-3-9所示。

(a)平台式表架固定　　(b)万能式表架固定　　(c)磁力式表架固定

图1-3-9　固定方式

(2)使用注意事项

①百分表装夹牢固，夹紧力适当，并检查测杆是否灵活，如图1-3-10(a)、(b)所示。夹紧后，不可再转动百分表，如图1-3-10(c)所示。

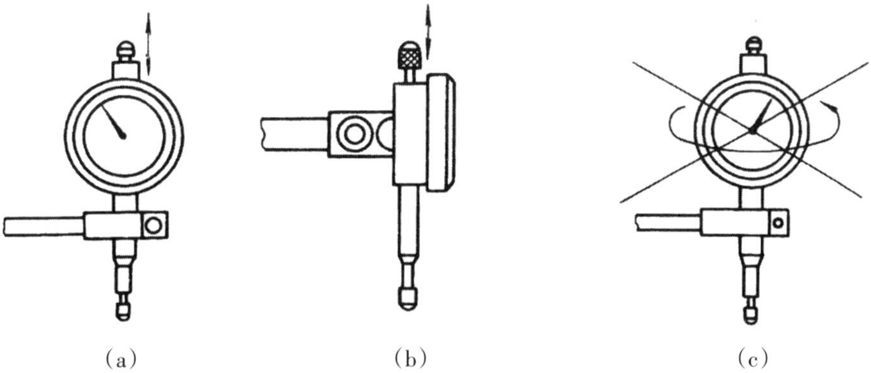

图1-3-10　正确装夹

②测量时,应使测头处于被测工件表面的正确位置,否则将产生较大的测量误差,如图1-3-11所示。

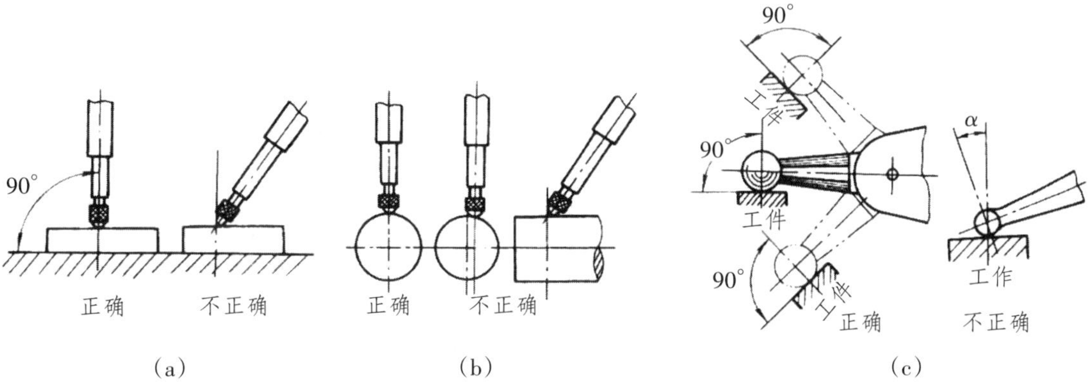

图1-3-11　正确位置

③测量时,应轻提测杆,移动工件至测头下后,再缓慢放下与工件接触。不准将工件强行推入至测头下,也不准急骤放下杠杆,否则将造成测量误差,甚至损坏量具,如图1-3-12所示。

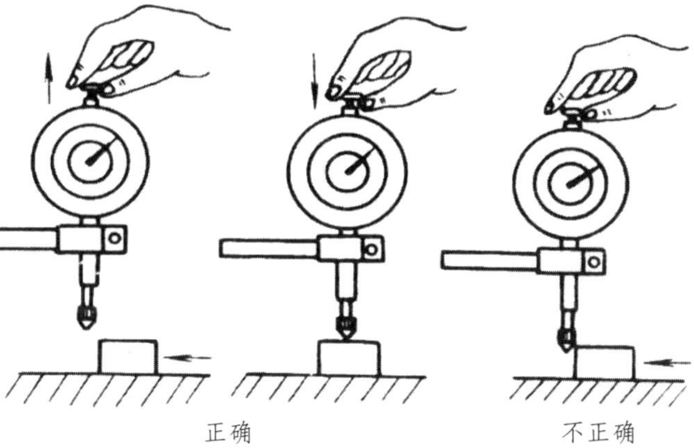

图1-3-12　正确使用

4.百分表的维护保养

(1)提压测量杆的次数不要过多,距离不要过大,以免损坏机件及加剧零件磨损。

（2）测量时，测量杆的行程不要超过它的示值范围，以免损坏表内零件。

（3）应避免剧烈震动和碰撞，不要使测量头突然撞击在被测表面上，以防止测量杆弯曲变形，更不能敲打表的任何部位。

（4）表架要放稳，以免百分表落地摔坏。使用磁性表座时要注意表座的旋钮位置。

（5）严防水、油、灰尘等进入表内，不要随便拆卸表的后盖。百分表使用完毕，要擦净放回盒内，使测量杆处于自由状态，以免表内弹簧失效。

5. 杠杆百分表

杠杆百分表是借助于杠杆与齿轮或杠杆与螺旋传动机构，将测杆的摆动变为指针回转运动的指示式量具。根据测头运动方向与表盘位置的相对关系，可分为正面式、侧面式和端面式三种。杠杆百分表也是一种将直线位移变为角位移的量具。

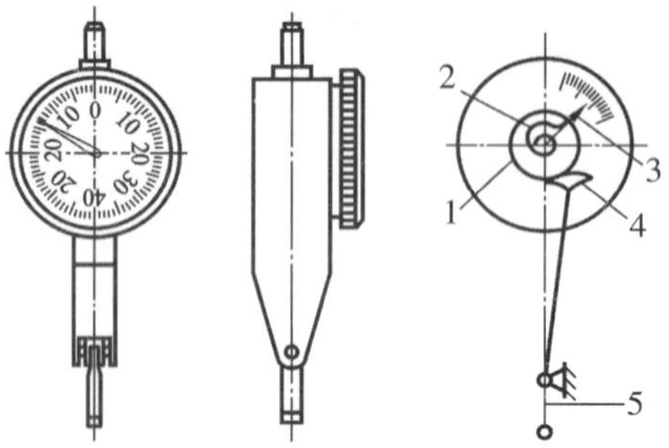

1-齿轮；2-游丝；3-指针；4-扇形齿轮；5-机械杆测头

图1-3-13 杠杆百分表

其结构和原理如图1-3-13，测头做圆弧形移动时，使装有扇形齿轮的杠杆摆动，扇形齿轮与小齿轮相啮合。小齿轮与指针连接在一起，这样指针就在表盘上摆动。细丝弹簧用来消除齿轮啮合中的空隙。

杠杆百分表的外形尺寸小而轻巧，并具有测力换向机构，可使测量头回转180°，因此特别适用于测量受空间限制的工件，例如内孔、凹槽、孔距等。

6. 内径百分表

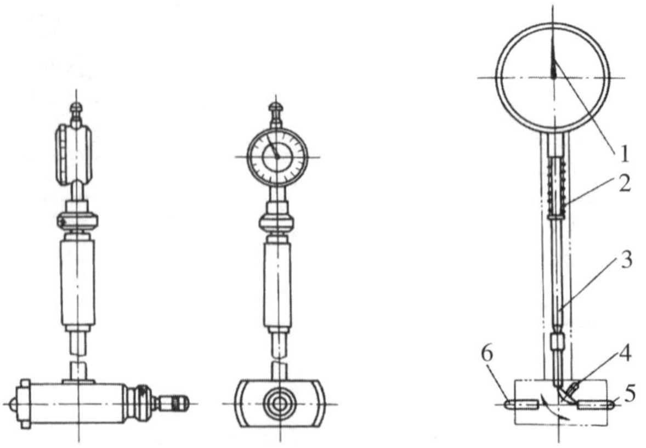

（a）外观图 （b）结构示意图

1-指针；2-弹簧；3-传动杆；4-杠杆；5-活动测头；6-固定测头

图1-3-14 内径百分表

内径百分表是由一种借助于百分表为读数机构，配备杠杆传动系统或楔形传动系统的杆部组合而成。它是以比较法来测量孔径及其几何形状偏差。为了使其有足够的测量范围，所以测量头是可以更换的。其外形如图1-3-14(a)、结构示意如图1-3-14(b)所示。

测量时，被测孔的尺寸偏差，借助活动测头的位移，通过杠杆(能绕枢轴摆动)和传动杆传递给指示机构。因传动系统的传动比为1，因此测头所移动的距离与指示表的示值相等。

7.测量示例

(1)用相对法测量工件尺寸，如图1-3-15所示。

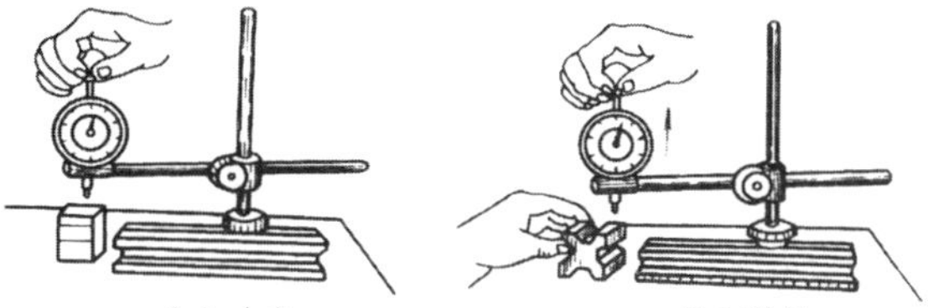

(a)对表　(b)测量

图1-3-15　相对法测量工件

(2)在机床或专用夹具上检测工件的径向圆跳动，如图1-3-16所示。

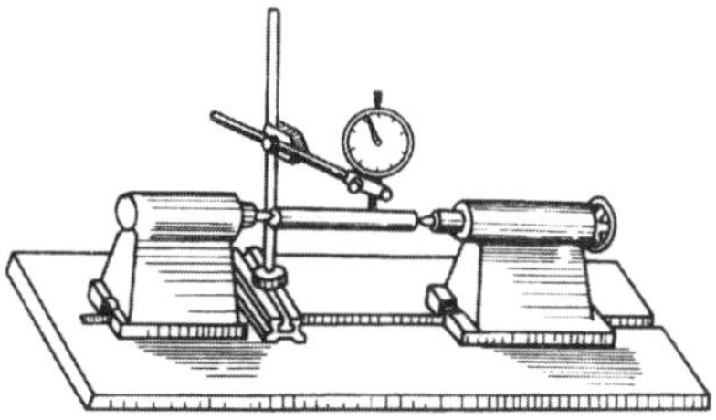

图1-3-16　测量径向圆跳动

(3)使用杠杆百分表测量凹槽位置，测量导轨直线度和调整机床工件的同轴度，如图1-3-17所示。

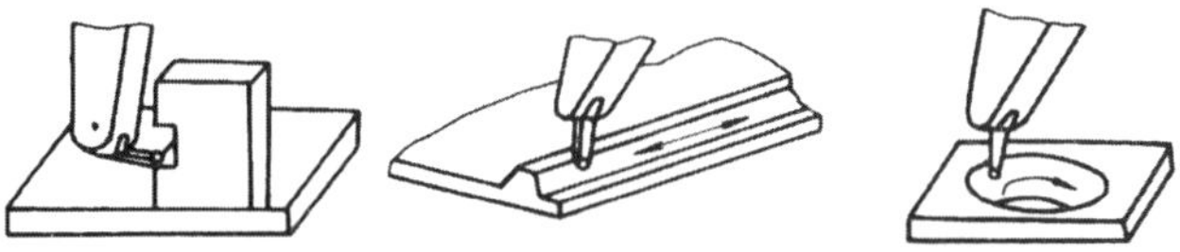

(a)　(b)　(c)

图1-3-17　杠杆百分表的使用示例

(4)使用内径百分表测量孔径，如图1-3-18所示。

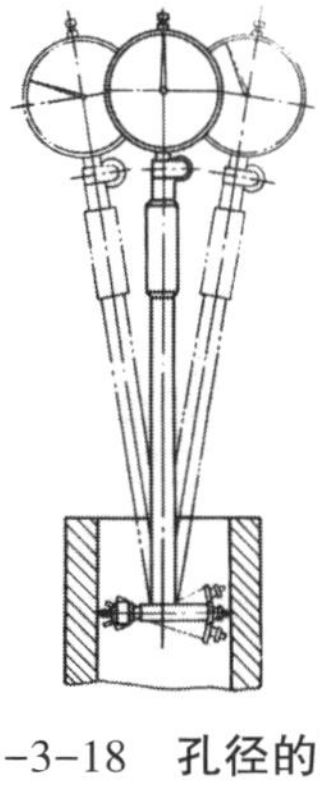

图1-3-18　孔径的测量

四、角度量具

角度量具是用来测量角度类零件的。常用的角度量具有90°角尺和游标万能角度尺等。

1.90°角尺

90°角尺是使两条直角边之间具有较精确的90°角的固定角尺，常用的形式、结构、精度等级及主要尺寸如表1-3-3所示。90°角尺一般常用来测量外角或内角。

表1-3-3　常用90°角尺的形式、结构、精度等级和主要尺寸

<table>
<tr><th rowspan="2">形式</th><th colspan="2">结构</th><th rowspan="2">精度等级</th><th colspan="2">主要尺寸(mm)</th></tr>
<tr><th>简图</th><th>说明</th><th>h</th><th>l</th></tr>
<tr><td rowspan="3">刀口角尺</td><td rowspan="3">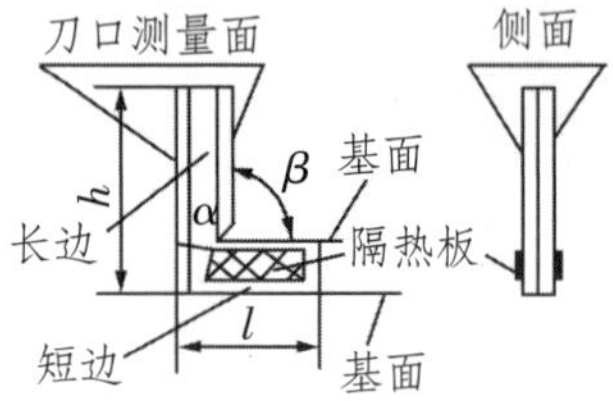
</td><td rowspan="3">刀口角尺应带有隔热板</td><td rowspan="3">0级
1级</td><td>63</td><td>40</td></tr>
<tr><td>125</td><td>80</td></tr>
<tr><td>200</td><td>125</td></tr>
<tr><td rowspan="8">宽座角尺</td><td rowspan="8">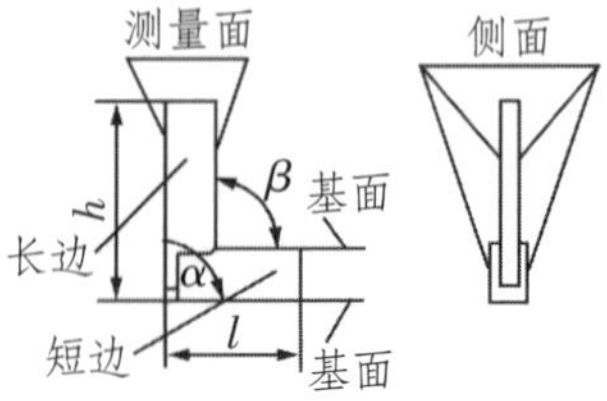
</td><td rowspan="8">允许制成整体式结构，但基面应为宽形基面。0级宽座角尺仅适用于整体式结构</td><td rowspan="8">0级
1级
2级</td><td>63</td><td>40</td></tr>
<tr><td>125</td><td>80</td></tr>
<tr><td>200</td><td>125</td></tr>
<tr><td>315</td><td>200</td></tr>
<tr><td>500</td><td>315</td></tr>
<tr><td>800</td><td>500</td></tr>
<tr><td>1250</td><td>800</td></tr>
<tr><td>1600</td><td>1000</td></tr>
</table>

90°角尺一般常用来测量外角或内角，如图1-3-19所示。

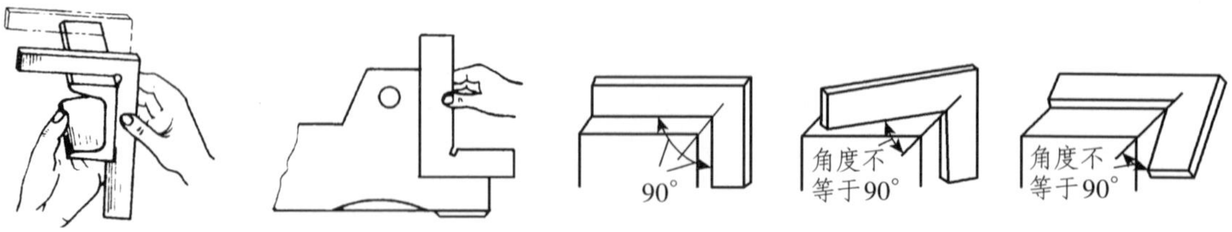

(a)测量外角　(b)测量内角　(c)角尺应放的位置

图1-3-19　90°角尺的使用

2.游标万能角度尺

常用的游标万能角度尺结构如表1-3-4所示。

表 1-3-4 游标万能角度尺的形式、结构和基本参数

形式	结构图	简要说明	游标读数值	测量范围
Ⅰ	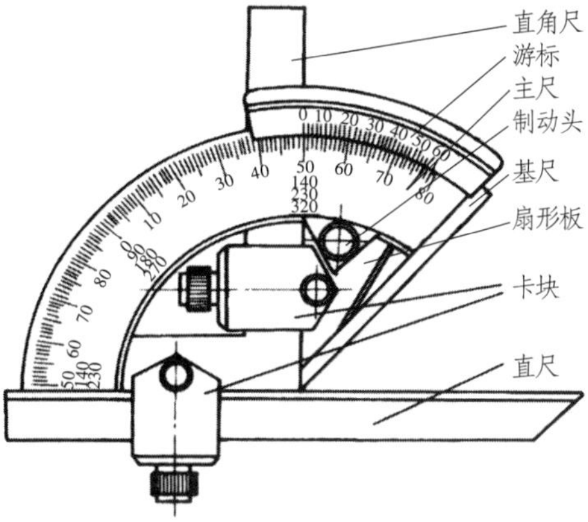	由主尺扇形板和固定在扇形板上的游标组成，扇形板可带游标沿主尺转动。直角尺可用卡块固定在扇形板上，可移动的直尺用卡块又可固定在直角尺上，基尺与主尺连成一体	2′、5′	0°~320°
Ⅱ	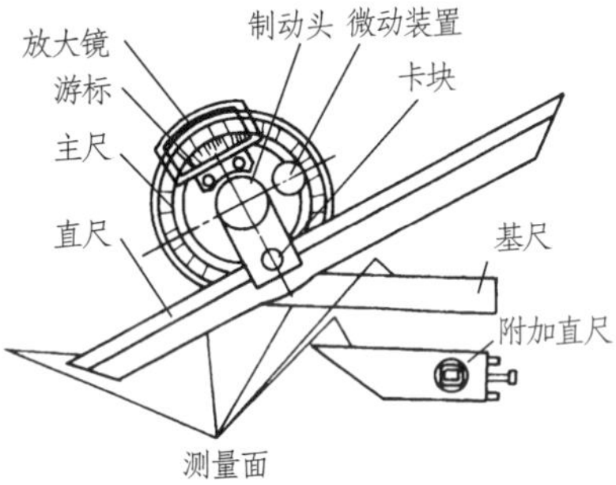	由主尺上，对称刻有0°~90°的分度，并带有基尺。在主尺的小圆盘上，刻有游标分度，直尺的两面有两个纵槽，用以插入连接臂的凸块内。转动卡块，直尺被凸块牢固地压在小圆盘的切面上，而和游标连同放大镜一起转动。测量时可用制动头把直尺固定在主尺上，以便从被测件上取下角度尺，进行读数	5′	0°~360°

(1)游标万能角度尺的刻线原理和读数方法

游标万能角度尺的刻线原理，即是游标原理。在前面叙述过的是以长度(mm)为单位的游标原理，而游标万能角度尺则是以度为单位的游标原理，计算公式完全一致，见表 1-3-5 所示。

表 1-3-5　常用游标万能角度尺游标刻线类型及读数图例

游标读数值 I (′)	尺身刻线间夹角 α (′)	游标刻线间夹角 β (′)	游标读数格数 n	游标系数 γ	游标刻线总角度 λ (°)	游标刻线类型图例	读数图例	读数值
2′	1°	58′	30	1	29°	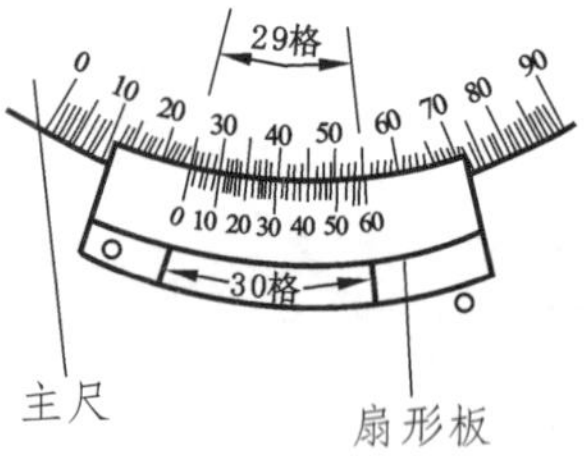	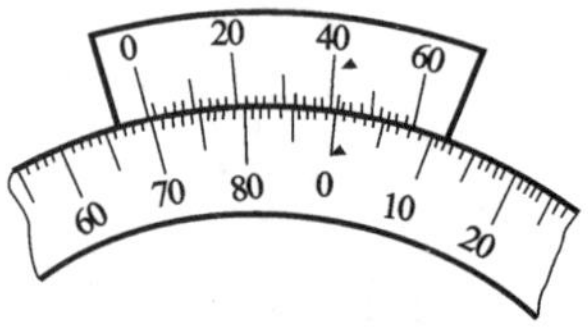	69°42′
							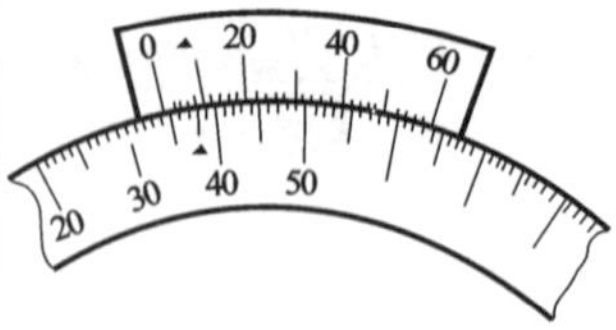	
5	1°	15′	12	2	23°	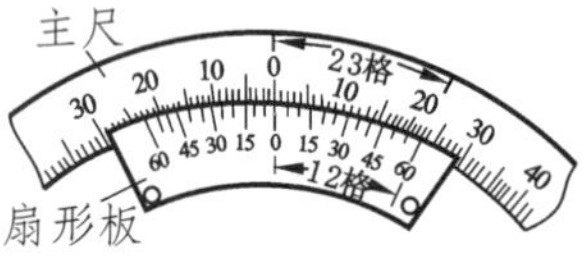	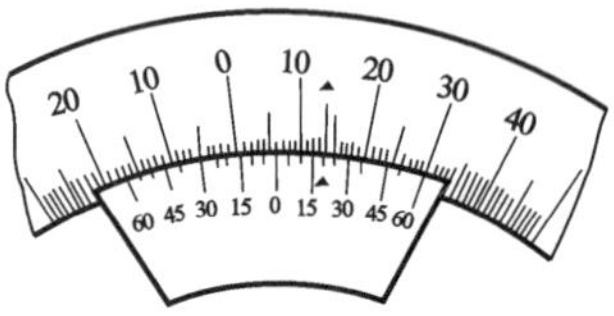	6°20′
							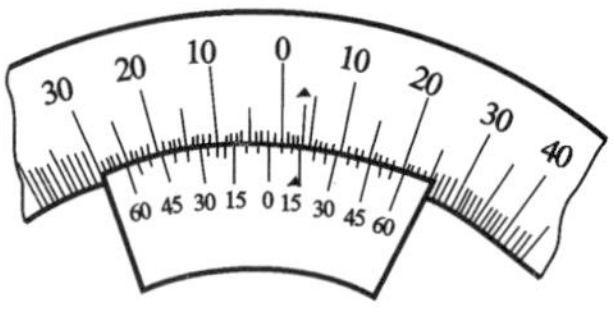	

(2)游标万能角度尺的测量方法

用游标万能角度尺测量0°~320°范围内的任何角度时,安装方法随测量角度的不同而不同,如图1-3-20所示为游标万能角度尺测量角度和安装方法。

(a)图为测量0°~50°角时的情况,被测工件放在基尺和直尺的测量面之间,此时按尺身上的第一排刻度读数。

(b)图为测量50°~140°角时的情况,此时应将角尺取下,将直尺直接装在扇形板的夹块上,利用基尺和直尺的测量面进行测量,按尺身上的第二排刻度表示的数值读数。

(c)图为测量140°~230°角时的情况,此时应将直尺和角尺上固定直尺的夹块取下,调整角尺的位置,使角尺的直角顶点与基尺的尖端对齐,然后把角尺的短边和基尺的测量面靠在被测工件的被测量面上进行测量,按尺身上第三排刻度所示的数值读数。

(d)图为测量230°~320°角时的情况,此时将角尺、直尺和夹块全部取下,直接用基尺和扇型板的测量面对被测工件进行测量,按尺身上第四排刻度所示的数值读数。

万能角度尺的维护、保养方法与游标卡尺的维护、保养基本相同。

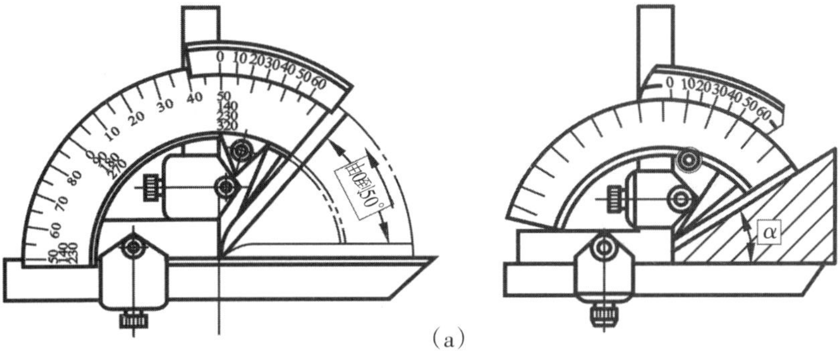

(a)

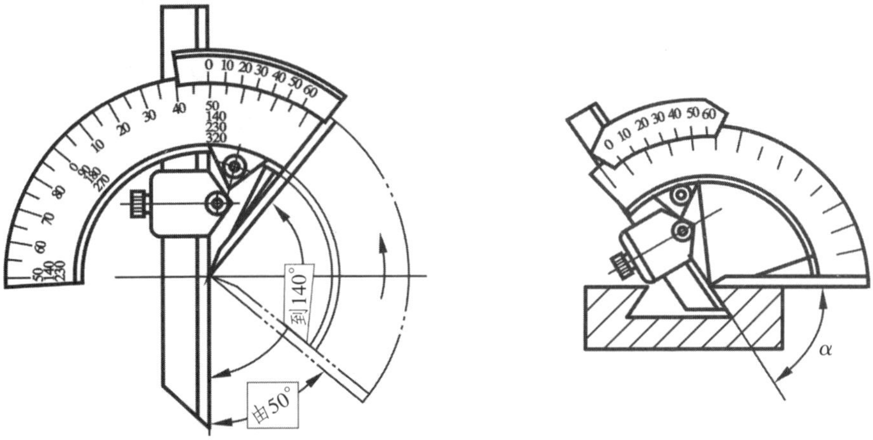

(b)

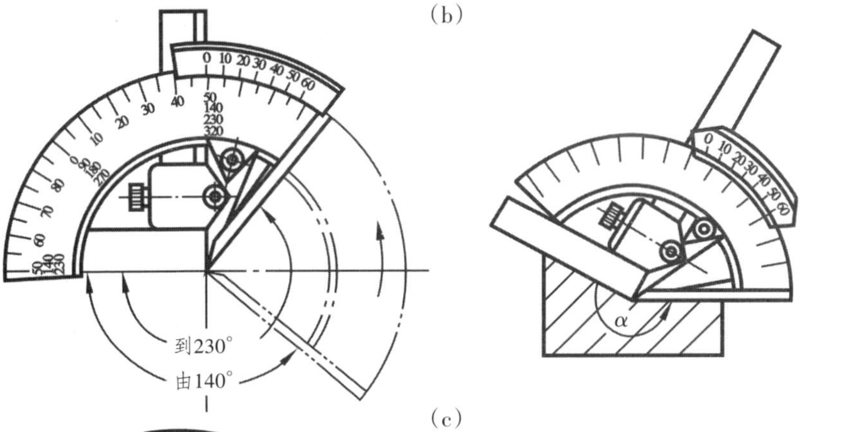

(c)

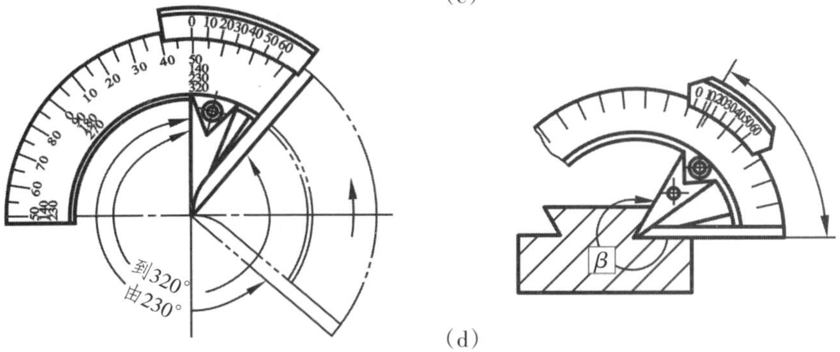

(d)

图1-3-20　万能角度尺的测量范围

五、其他简单量具

1. 卡钳

(1)卡钳的形式和种类

卡钳是一种间接读数量具，因为从卡钳上是看不出尺寸读数的，所以，使用卡钳时必须与钢直尺或其他刻线量具配合测量。常见卡钳的形式和种类如图1-3-21所示。

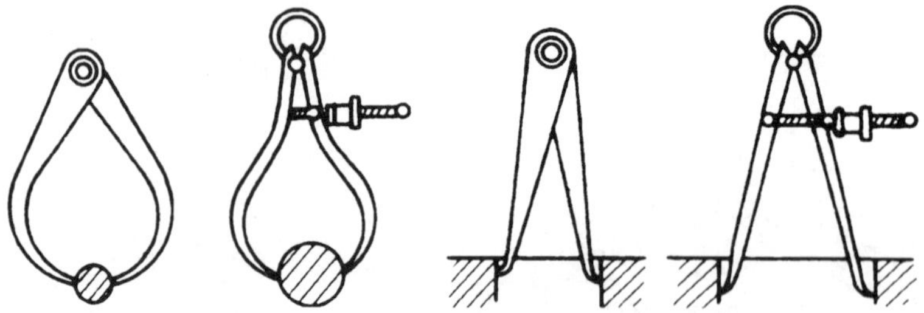

(a)外卡钳　　(b)内卡钳

图1-3-21　卡钳的形式和种类

一般情况下，内卡钳是测量内径、凹槽等时使用；外卡钳是测量外径和平行面等时使用。

(2)卡钳的使用方法

常见卡钳的使用方法见图1-3-22所示。

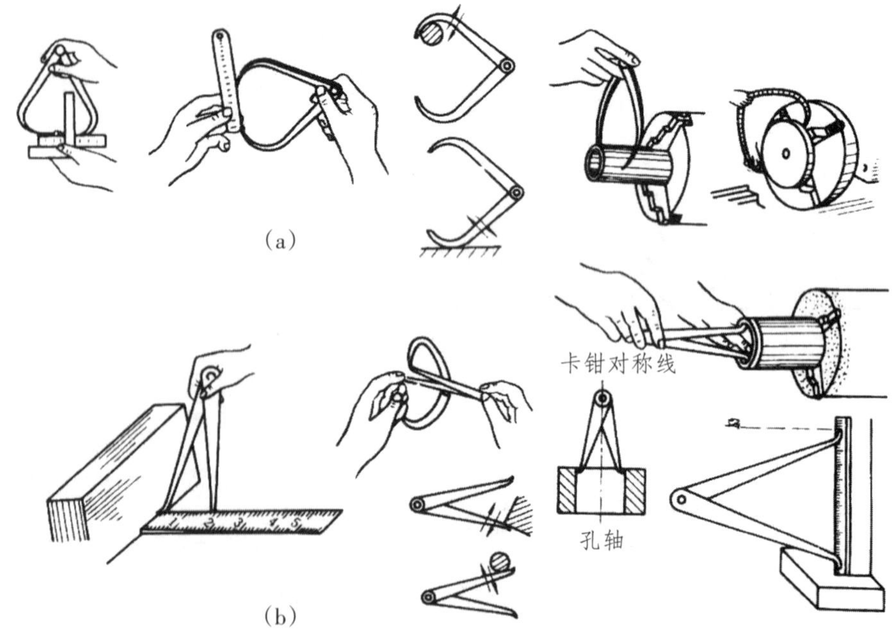

图1-3-22　卡钳的使用方法

(3)卡钳使用的注意事项

使用卡钳时应注意的事项如图1-3-23所示。

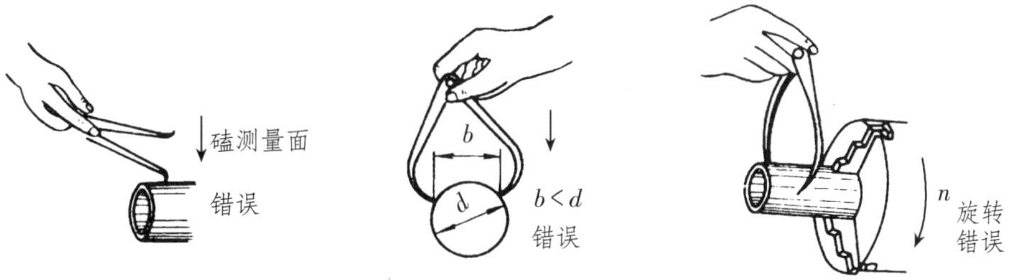

图1-3-23　卡钳使用的注意事项

2. 检验平尺

(1)检验平尺的形式、简图、精度及主要尺寸

检验平尺的形式、简图、精度和主要尺寸如表1-3-6所示。

表1-3-6　检验平尺的形式、简图、精度等级和主要尺寸

形式	简图	精度等级	主要尺寸/mm
			L　*H*　*B*　*a*
刀口形直尺	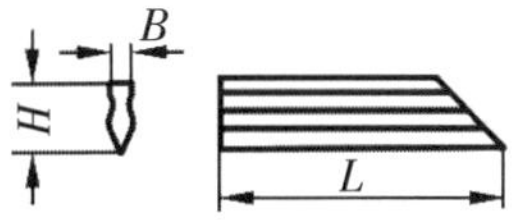	0级和1级	75~500　22~50　6~10
方形直尺	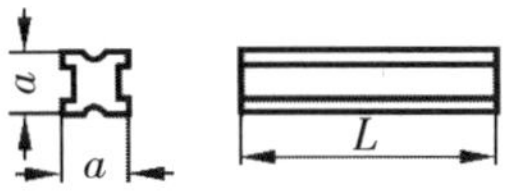	0级和1级	225~500　30~40
工形直尺		0级1级和2级	300~2000　40~90　12~19
		0级和2级	2500~4000　100~160　20~30
桥形直尺		1级和2级	500~5000　40~130

(2)检验平尺的用途

检验平尺的用途主要是测量平面度和直线度。测量时一般与水平仪结合使用,也可用于研磨导轨。如图1-3-24所示。

(3)检验平尺的使用注意事项

①使用前,工作面和被测量面应清洁光亮,不应有锈蚀、斑痕、鳞片、凹坑、裂缝以及其他缺陷存在。

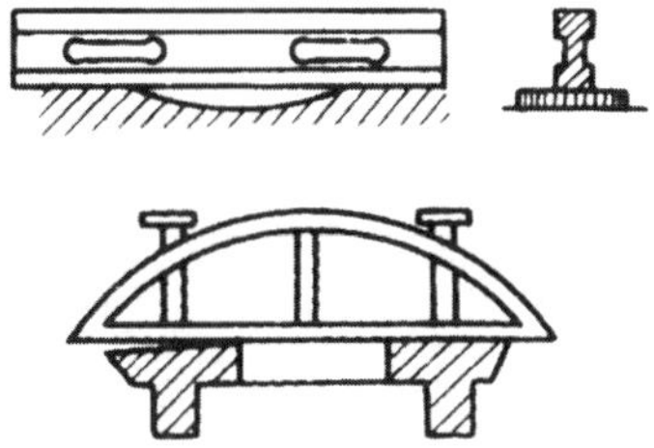

图1-3-24　检验平尺的应用示例

②使用检验平尺，一般应按不同要求选用不同精度的平尺。

③检验平尺用后应涂防锈油并垂直悬挂防止变形。

3. 刀口形直尺

(1)刀口形直尺的形式、简图、精度等级和主要尺寸如表1-3-7所示。

表1-3-7　刀口形直尺的形式、简图、精度等级和主要尺寸

形式	简图	精度等级	主要尺寸/mm
			L　*H*　*B*
普通刀口形直尺	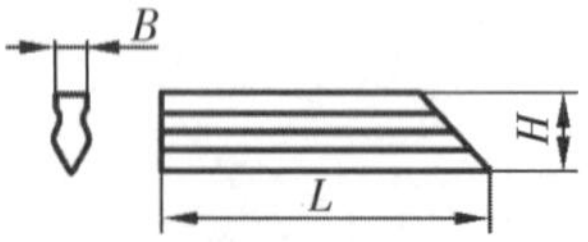	0级和1级	75　125　6　22　27 200　300　8　30　40 (400)　(8)　(45) (500)　(10)　(50)
三棱尺		0级和1级	200　26 300　30 500　40
四棱尺	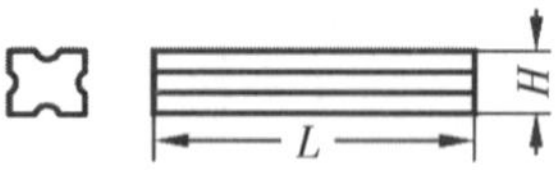	0级和1级	200　20 300　25 500　35

(2)刀口形直尺的用途

刀口形直尺的用途主要是测量工件平面的几何形状误差：即平面度或直线度。检验时，普通刀口形直尺、三棱尺采用光隙法，而四棱尺可采用痕迹法（又称涂色法），常用的几种使用方法如图1-3-25所示。

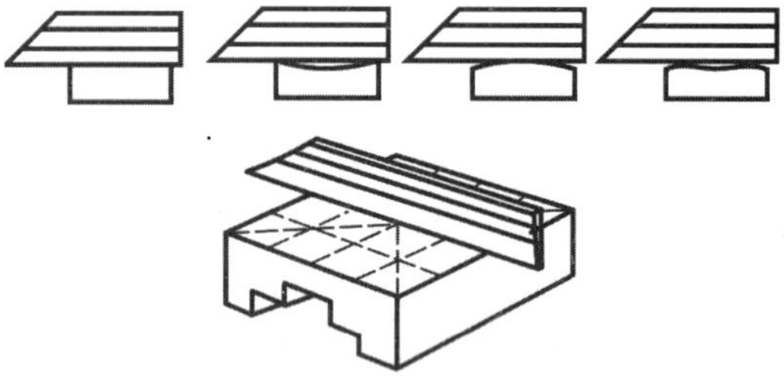

从各个方向检查工件的平面

图1-3-25　刀口形直尺的应用示例

(3)刀口形直尺的使用注意事项

①刀口形直尺使用时不得碰撞，应确保棱边的完整性。

②测量前，应检查刀口形直尺的测量面不得有划痕、碰伤、锈蚀等缺陷。

③表面应保持清洁光亮。

4. 塞尺

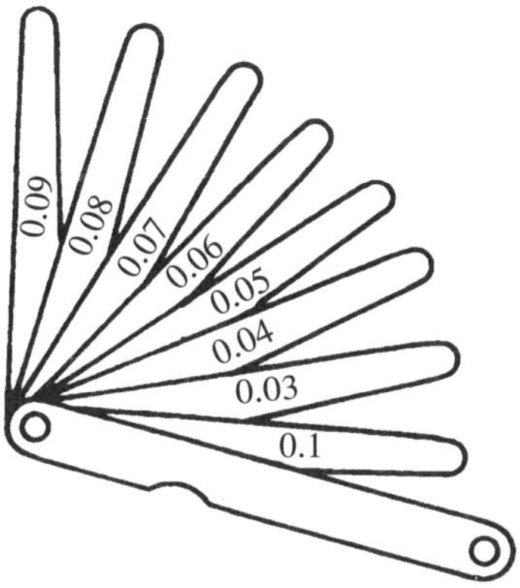

图1-3-26 塞尺

（1）塞尺的用途

塞尺是用来检验两个结合面之间的间隙大小的，它的形式如图1-3-26所示。

（2）塞尺的规格

塞尺具有两个平行的测量面，其长度可制成50 mm、100 mm或200 mm等。厚度为0.03~0.1 mm，中间每两片相隔0.01 mm。如果厚度为0.1~1 mm的，则中间每两片相隔0.05 mm。

（3）塞尺的使用及注意事项

①塞尺的使用：

使用塞尺时，应根据被测间隙的大小，可试用一片或数片重叠在一起插入间隙ΔL内。

若用0.03 mm一片能插入，而0.04 mm一片不能插入，这说明间隙ΔL在0.03~0.04 mm之间，所以塞尺也是一种极限量规。

②塞尺使用的注意事项：

第一，使用前必须清除塞尺和工件上的灰尘和油污。

第二，使用时不能用力太大以防止弯曲或折断。

第三，不能测量温度较高的工件。

六、量块和量规

1. 量块

量块是长度计量的基础。制造极精确，按制造精度分为六级：00、0、K、1、2、3。00级精度最高，3级精度最低，K级为校准级。

（1）量块的形状、尺寸系列和用途

①形状和各部分名称。

量块具有两个平面平行的测量面，外形一般为长方体，如图1-3-27所示。

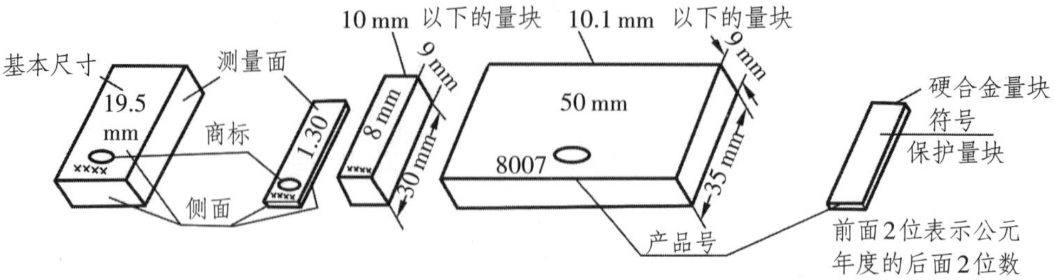

图1-3-27 量块的种类和各部分名称

②尺寸系列。

量块一般做成一套，每套都备有保护量块（简称护块），使用时放在量块组的两端，以保护其他量块。每套量块中的基本尺寸、间隔、块数、级别，见表1-3-8。

表1-3-8 成套量块的尺寸

套别	总块数	级别	基本尺寸系列/mm	间隔/mm	块数
1	83	00，0，12，(3)	0.5	—	1
			1	—	1
			1.005	—	1
			1.01，1.02，……1.47	0.01	49
			1.5,1.6,……1.9	0.1	5
			2.0，2.5，……9.5	0.5	16
			10，20，……100	10	10
2	38	0，1，2，(3)	1	—	1
			1.005	—	1
			1.01，1.02，……1.09	0.01	9
			1.1,1.2,……1.9	0.1	9
			2，3，……9	1	8
			10，20，……100	10	10
3	10	0，1	1，1.001，……1.009	0.001	10
4	10	0，1	0.991，0.992，……1	0.001	10
5	4	1，2，3	1.5，1.5，2，2或1，1，1.5，1.5	—	—

③用途。

量块主要用于检定和校准各种长度计量器具，在长度测量中作为比较测量的标准，如图1-3-28(a)、(b)、(c)所示。量块还可用于精密机床的调整及机械加工中的精密划线、定位等，如图1-3-28(d)、(e)所示。

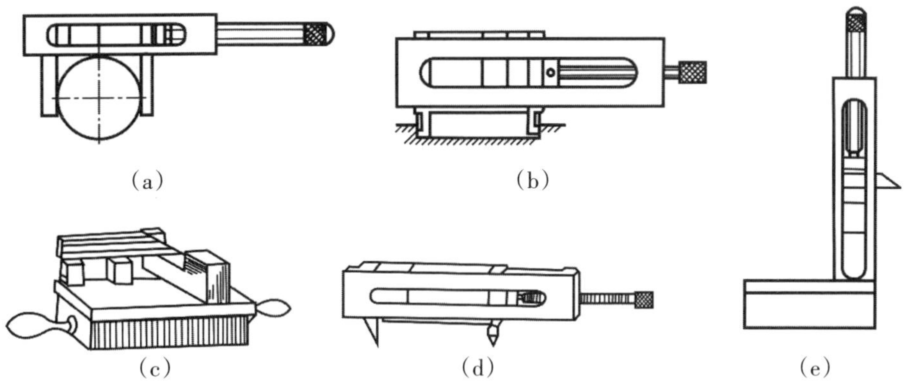

图1-3-28 量块的用途

(2)量块的尺寸组合

量块的最大优点是能按测量需要组成不同的尺寸。

尺寸的选择:一般按所需尺寸的最小位数起,在一套量块中依次进行挑选,并使选用的量块数越少越好,最好不多于4块。例如,所要组成的尺寸为55.765 mm,在83块的成套量块中挑选的量块尺寸分别为:

$$
\begin{array}{rl}
55.765 & \\
-\ 1.005 & \cdots\cdots\text{第一块尺寸} \\
\hline
54.76 & \\
-\ 1.26 & \cdots\cdots\text{第二块尺寸} \\
\hline
53.5 & \\
-\ 3.5 & \cdots\cdots\text{第三块尺寸} \\
\hline
50 & \cdots\cdots\text{第四块尺寸}
\end{array}
$$

(3)量块的使用保养

①使用前,要用汽油或苯洗净,并用麂皮或软绸擦干。

②使用时,特别注意不要损伤工作面,防止腐蚀性气体侵蚀,且不得用手接触工作面。

③使用后,必须用汽油或苯洗净擦干,并涂上无酸性的凡士林以免生锈,绝不允许将量块结合在一起。

2.量规

量规是一种没有刻度的专用检验工具,它不能确定被检验零件的实测尺寸数值,而只能确定零件合格与否,即只能确定零件尺寸是否在规定的极限尺寸范围内。为此,检验某种尺寸要求的量规都必须有一个“通规”和一个“止规”,以便分别用来控制零件的两个极限尺寸。

(1)光滑极限量规

测量光滑的孔或轴用的量规叫光滑极限量规。它是一种专用量具,结构简单,使用方便,测量可靠。有专门的工厂生产,因此在工厂大批生产时广泛采用。光滑量规根据用于测量内外尺寸的不同,分卡规和塞规两种。

①卡规。

它用来测量圆柱形、长方形、多边形等工件的尺寸。卡规应用最多的形式如图1-3-29所示。

卡规的“通规”,是用来控制轴的体外作用尺寸,其基本尺寸应按轴的最大极限尺寸制造:“止规”则是用来控制轴的局部实际尺寸,其基本尺寸应按轴的最小极限尺寸制造。

测量时的三种结果如图1-3-30所示。

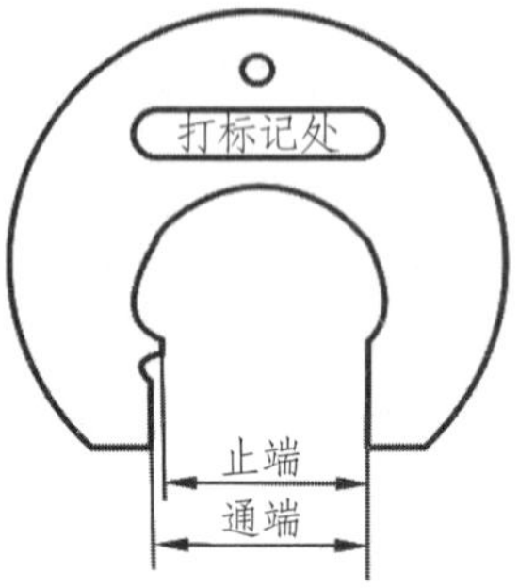

图1-3-29　卡规

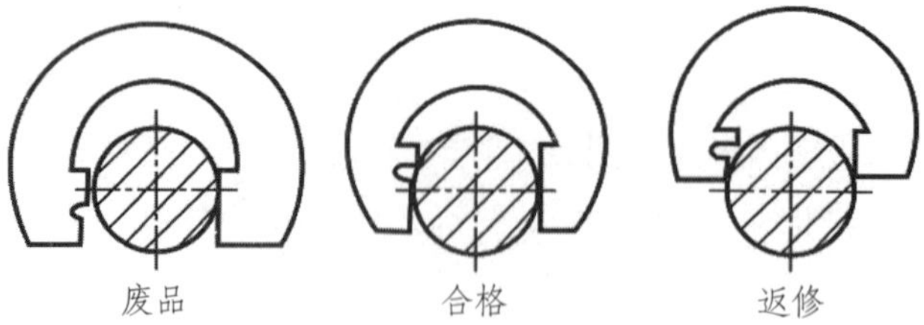

图1-3-30　卡规测量结果

②塞规。

它用来测量工件的孔、槽等尺寸,常用的塞规形式如图1-3-31所示。

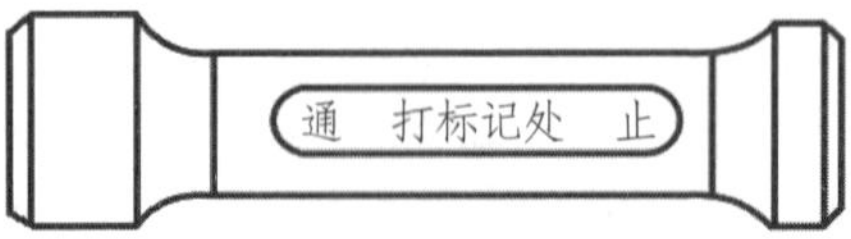

图1-3-31　塞规

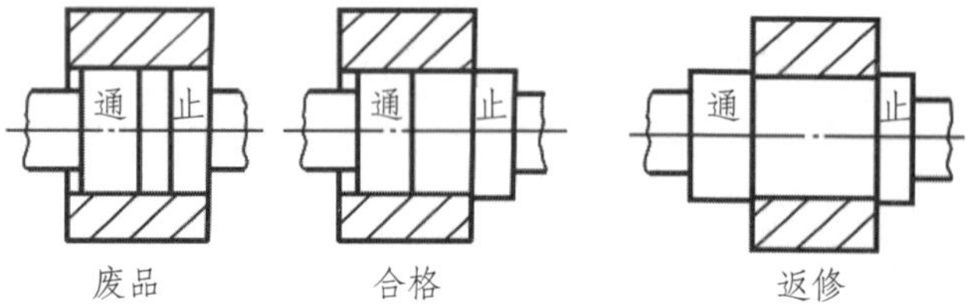

图1-3-32　塞规测量工作

塞规的“通规”,是用来控制孔的体外作用尺寸,其基本尺寸应按孔的最小极限尺寸制造:“止规”则是用来控制孔的局部实际尺寸,其基本尺寸应按孔的最大极限尺寸制造。测量时的三种结果如图1-3-32所示。

(2)螺纹量规

螺纹量规是用来综合检验螺纹几何参数的综合性量具,测量方便、准确。检验内螺纹用螺纹塞规(图1-3-33),检验外螺纹用螺纹环规(图1-3-34)。螺纹量规有通规和止规之分。

图1-3-33　螺纹塞规

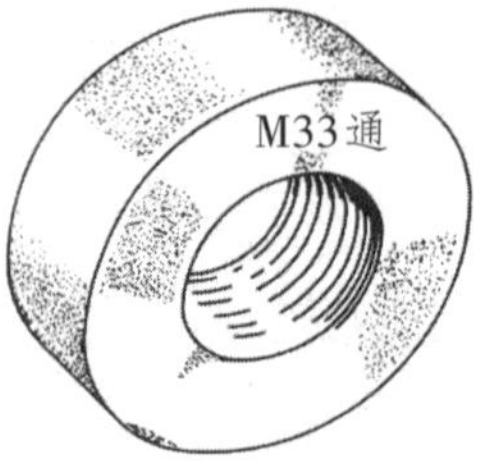

图1-3-34　螺纹环规

螺纹量规的通规用来检验螺纹的作用中径,兼带控制螺纹底径。通规螺纹按工件螺纹的最大实体牙型的尺寸制造,具有完整牙侧,长度等于旋合长度。

螺纹量规的止规只用来检验螺纹的实际中径。为了消除螺距误差和牙型半角误差的影响，止规的螺纹长度只有2~3.5圈，并且牙侧截短。因此，只有牙侧一段中径按工件螺纹的最小实体尺寸制造。

用螺纹量规检验工件螺纹时，若量规的“通规”能通过或旋合被测螺纹，而“止规”拧入工件螺纹不超过2圈时，就评定工件合格。

(3)量规的使用保养

量规是精密量具，其错误和正确的使用方法如图1-3-35和图1-3-36所示。

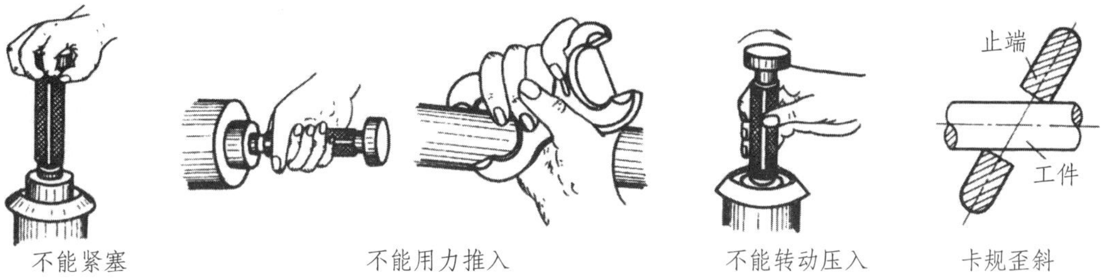

图1-3-35 量规的错误使用

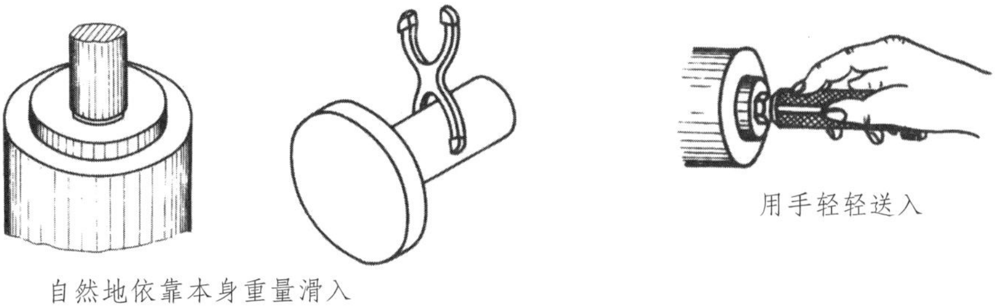

图1-3-36 量规的正确使用

量规使用完毕，用软布擦净，并涂一薄层无酸性的凡士林或防锈油，然后放在干燥的盒内或固定的木架上，如图1-3-37所示。

图1-3-37 量规的维护

✲任务小结

1. 游标量具的使用与保养。
2. 螺纹测微量具的使用与保养。
3. 指示类量具的使用与保养。
4. 角度量具的使用与保养。
5. 专用量具的使用与保养。

项目二　零件划线

教学内容

认识划线；

平面划线；

立体划线。

实训课题：平面划线。

扫码看微课

零件划线

教学目标

【知识目标】

能讲出几种划线工具的名称；

能讲出划线操作要注意的安全事项；

能说出平面划线与立体划线的区别。

【能力目标】

能根据要求划出零件平面图形；

能根据要求划出零件立体图形。

【素养目标】

懂得实训的安全操作规范；

能与团队成员良好沟通，团结协作。

任务实施

任务一　认识划线

划线是钳工的一项重要的基本技能。划线是钳工加工和复杂工件切削加工的第一道工序，划线又分为平面划线和立体划线两大类。为了提高生产效率，防止在加工工件时引起尺寸差错，通过划线来明确加工标志。划线尺寸的准确程度，直接影响零件的加工质量。由于所划线条本身有一定的宽度等其他原因，一般划线精度能达到0.25~0.5 mm。工件的完工尺寸不能完全由划线确定，而应在加工过程中，通过测量以保证尺寸的准确性。

一、划线的要求及作用

划线是指在某些工件的毛坯或半成品上，按零件图样要求的尺寸划出加工界线或找正线的一种方法，如图 2-1-1 所示。

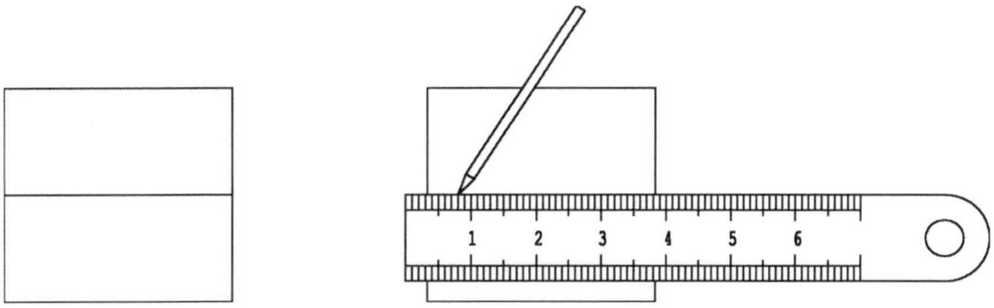

图2-1-1 划线

划线是一种复杂而细致的工作，划线前要看清图纸，了解零件的用途以及与其他配合零件的关系，分析零件的加工程序和加工方法，从而确定需要在工件表面上划出哪些轮廓或哪些点、线。

划线的基本要求是线条清晰均匀，定形、定位尺寸准确，一般要求划线精度达到 0.25~0.5 mm。在立体划线中还应注意使长、宽、高 3 个方向的线条互相垂直。应当注意，工件的加工精度（尺寸、形状精度）不能完全由划线确定，而应该在加工过程中通过测量来保证划线的主要作用有以下几点：

（1）确定工件的加工余量，使加工有明显的尺寸界限。

（2）在机床上装夹复杂工件时，可按划线找到正确定位。

（3）能及时发现和处理不合格的毛坯。

（4）当毛坯误差不大时，可以采用借料划线的方法来补救，从而提高毛坯的合格率。

二、划线的工具及其使用方法

1. 主要工具

（1）划针

划针是工件表面划线用的工具。常用的划针由工具钢或弹簧钢制成（有的划针在其尖端部位焊有硬质合金），直径范围是 3~6 mm。使用划针时，划针要向外倾斜 15°~20°，同时向划线方向倾斜 45°~75°，以减小划线误差。用划针时，划针要紧贴于导向工具（钢直尺、样板的曲边）上，并向钢直尺外边倾斜，在划线进行中划针朝移动方向倾斜，如图 2-1-2 所示。

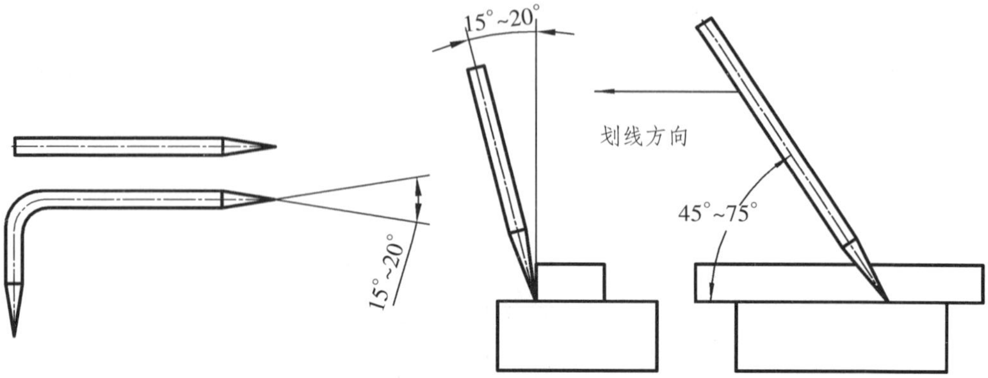

图2-1-2　划针

(2)划规

划规(图2-1-3),是划圆或弧线、等分线段及量取尺寸等用的工具,其用法与制图的圆规相似。划线时,最好将圆心用样冲冲眼,使划线稳定,以减小误差,使用划规划圆时,掌心用较大的力,压在作为旋转中心的一脚上,使划规的尖扎入金属表面或样冲眼内,另一脚以较轻的力压在工件上,由顺时针和逆时针划出圆或圆弧,划规的脚应保持尖锐,以保证划出的线条清晰。

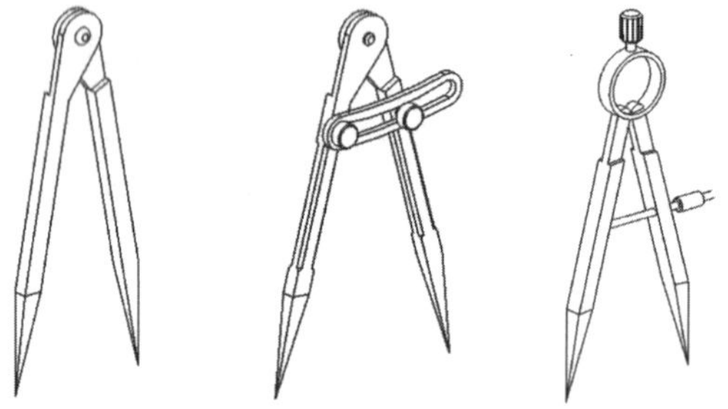

(a)合金划规　(b)扇形划规　(c)弹簧划规

图2-1-3　划规

(3)样冲

样冲是用于工件划线点上打样冲眼,以备所划线条模糊时仍能找到原划线的位置。样冲是由碳素工具钢制成(可用旧的丝锥、铣刀和铰刀等改制而成),其尖部和锤击端经过硬化。在划圆和钻孔前应在其中心打出样冲眼,以便定心,如图2-1-4所示。使用样冲冲眼时,先将样冲斜放在需要冲眼的部位,然后将样冲逐渐处于垂直位置,使冲尖落在冲眼的正确位置后,用榔头(划线锤)锤击样冲,冲出样冲眼。

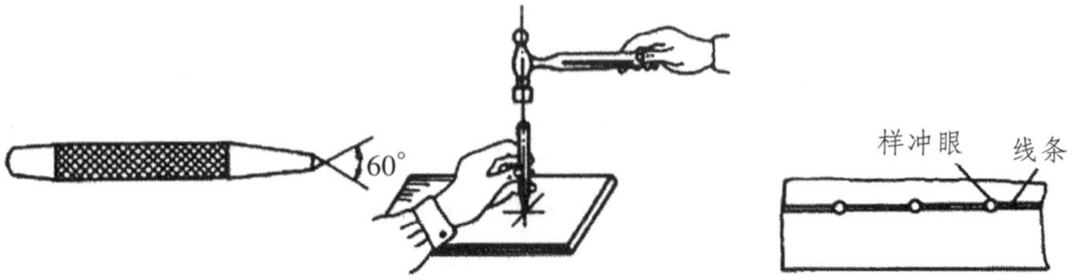

图2-1-4　样冲

(4)榔头(划线锤)

榔头(图2-1-5)主要用于锤击或借助工具锤击加工使用。而划线锤(图2-1-6)是用在工件所划条上打样冲眼、打钻孔中心眼。

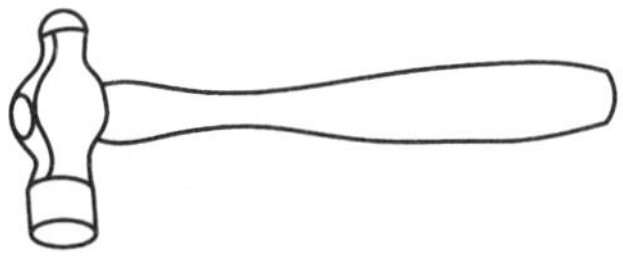

图2-1-5 榔头

图2-1-6 划线锤

(5)钢直尺

钢直尺是一种简单的测量工具和划直线的导向工具(图2-1-7),在尺面上刻线,最小刻线间距为0.5 mm,其规格有150 mm、300 mm、500 mm、1000 mm,在机械加工中以毫米(mm)为单位,机械图样上没有标注单位,就说明是以毫米(mm)为单位。

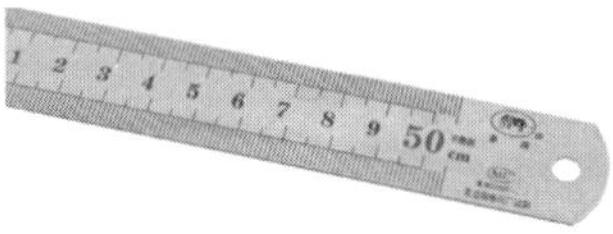

图2-1-7 钢直尺

(6)划针盘

划针盘主要用于立体划线和校正工件的位置。它主要由底座、立杆、划针和锁紧装置组成,如图2-1-8所示。

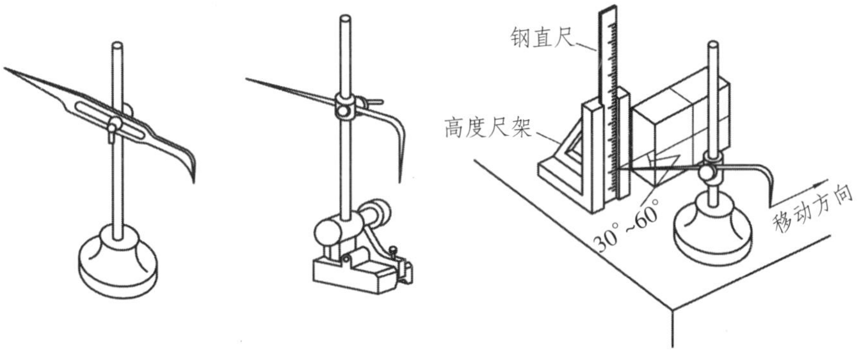

图2-1-8 划针盘

(7)划线平板

划线平板是基准工具,由铸铁制成,光滑、平整的表面是划线的基准平面,要求非常平整和光洁。如图2-1-9所示。

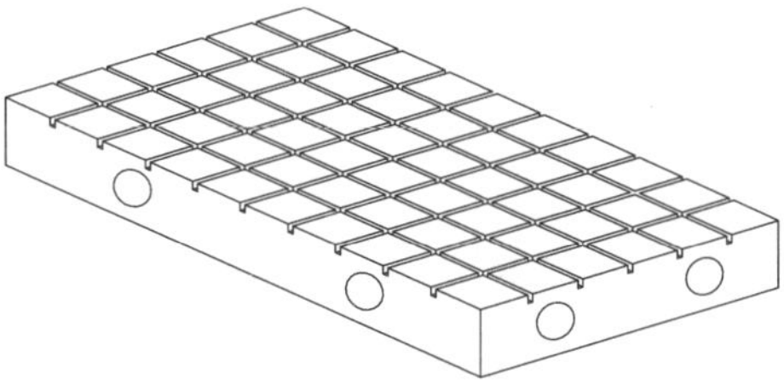

图2-1-9 划线平板

(8)千斤顶

千斤顶是用于在平板上支承体积较大及形状不规则的工件，其高度可以调整。通常用三个千斤顶支承工件，如图2-1-10所示。

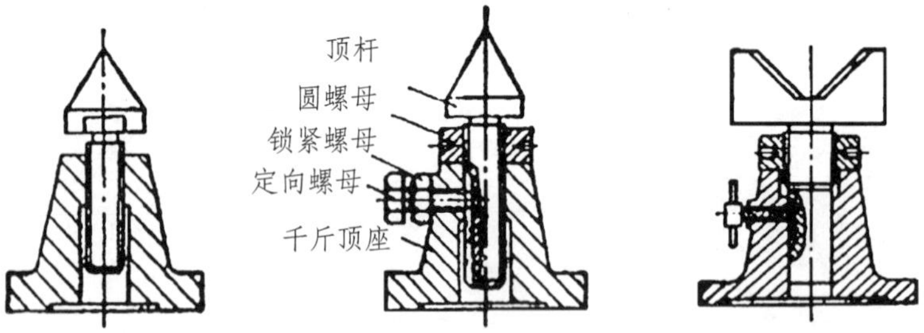

图2-1-10　千斤顶

(9)"V"形铁

"V"形铁也称"V"形架，用于支承圆柱形工件，使工件轴线与底板平行，如图2-1-11所示。

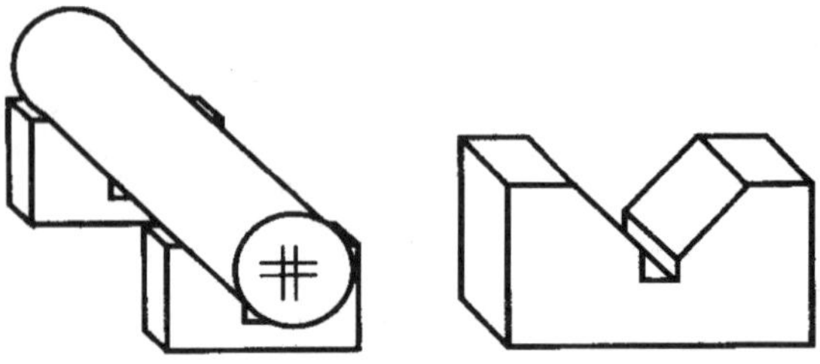

图2-1-11　"V"形架

(10)90°角尺

90°角尺常用的是宽座角尺，在平面划线中用来按某一基准划出它的垂直线；在立体划线中用来校正工件的某一基准面、线或线与平板表面的垂直度。如图2-1-12所示。

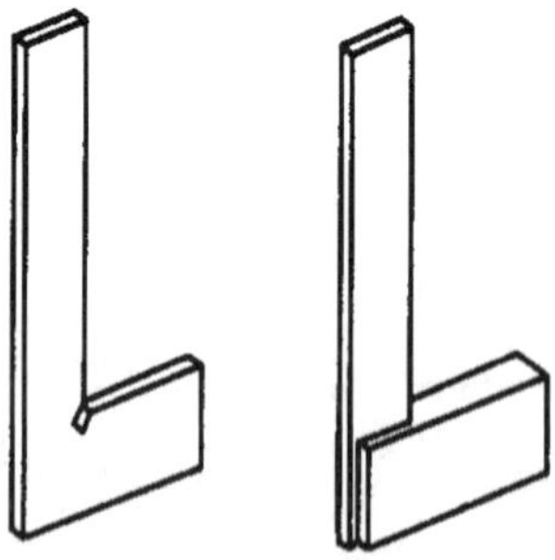

图2-1-12　90°角尺

2.使用方法

(1)划一条直线

在钢板中间位置划一条直线，整理钢板，将钢板除锈，边角去毛刺；用钢直尺和划针划一条直线。划线时划针紧贴钢尺用力向右移动，一次划成，不要重复，如图2-1-13所示。

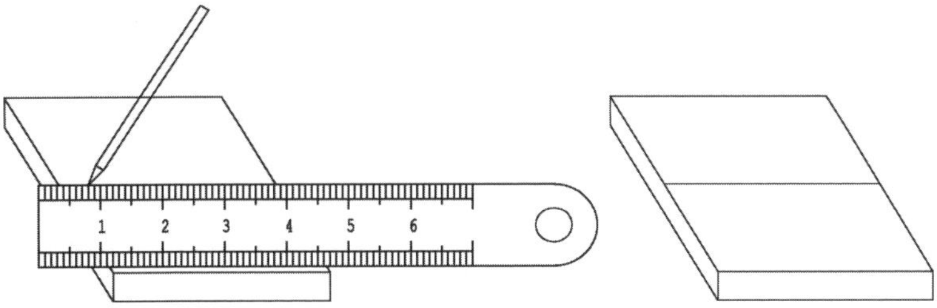

图2-1-13　划直线

(2)在直线中点处打样冲眼

先将样冲斜放在直线的中点处,然后将样冲逐渐处于垂直位置,使冲尖落在冲眼的正确位置后,用榔头锤击样冲的锤击端即打出样冲眼,如图2-1-14、图2-1-15所示。

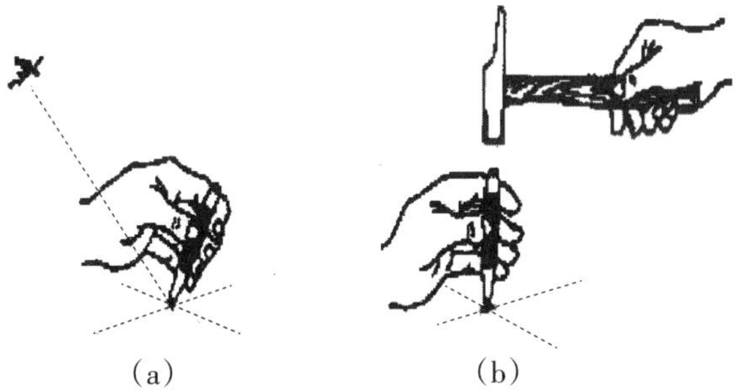

图2-1-14　打样冲眼

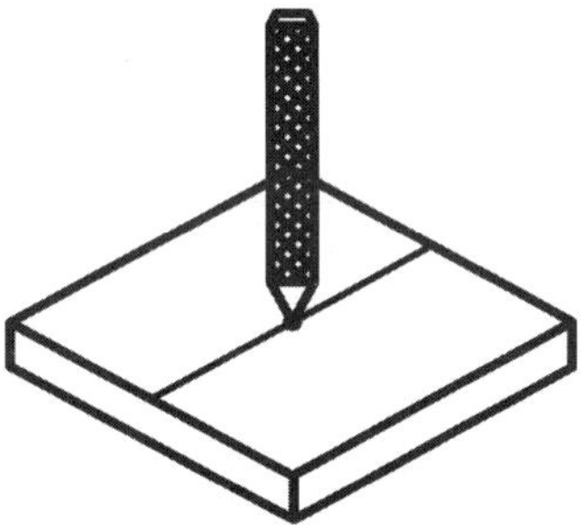

图2-1-15　样冲眼

(3)划圆

在钢板用划规划一个直径为60 mm的圆。划规的一尖扎入样冲眼中并用力压紧(用力稍大),另一尖要紧贴(用力稍小)钢板表面,顺时针或逆时针转动划规一圈即划出一个圆,如图2-1-16所示。

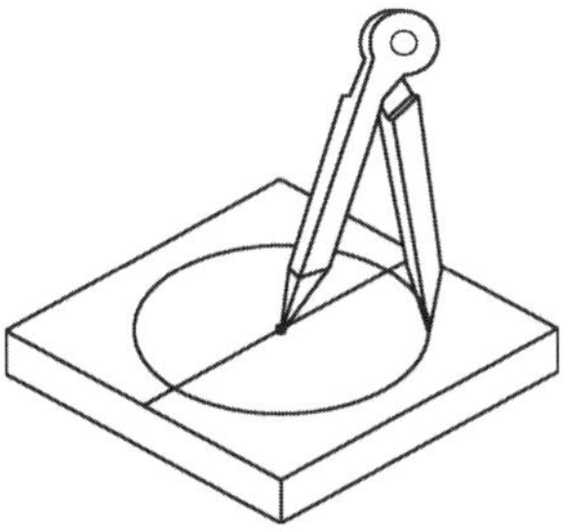

图2-1-16　划圆

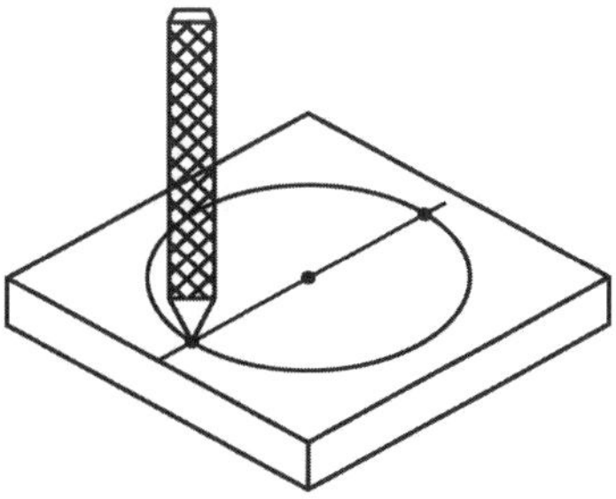

图2-1-17　打样冲眼

(4)划垂线

过圆心划一条与直线的垂线。先用样冲在圆与直线的交点处打上两个样冲眼,如图2-1-17示,以样冲眼为圆心,用划规取适当的半径划两段圆弧相交,如图2-1-18所示,用钢直尺和划针在两交点处进行连线即得已知直线的垂线,如图2-1-19所示。

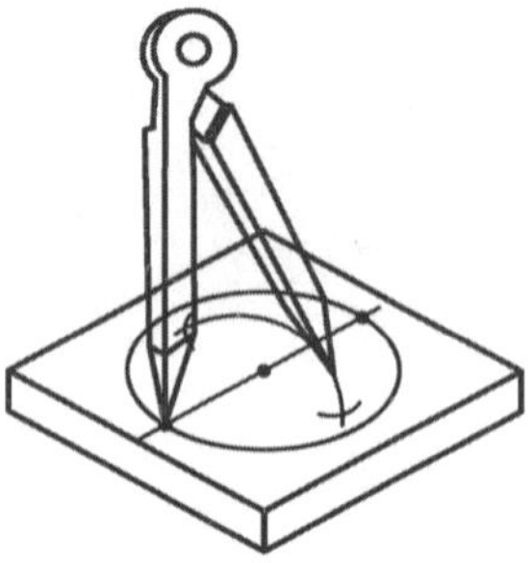

图2-1-18　划圆弧

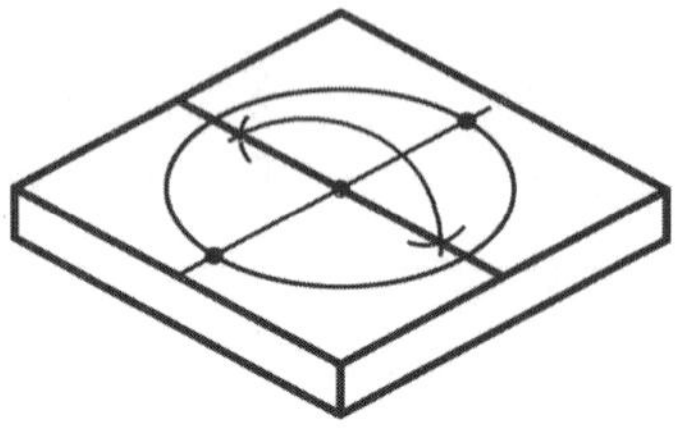

图2-1-19　划直线

(5)划平行线

划两条平行的直线:用划规取两尖角的距离为25 mm的长度,在直线的上方和下方各划两段短圆弧,如图2-1-20所示。用钢直尺和划针做两圆弧的公切线(如图2-1-21),即为已知直线的平行线,如图2-1-22所示。

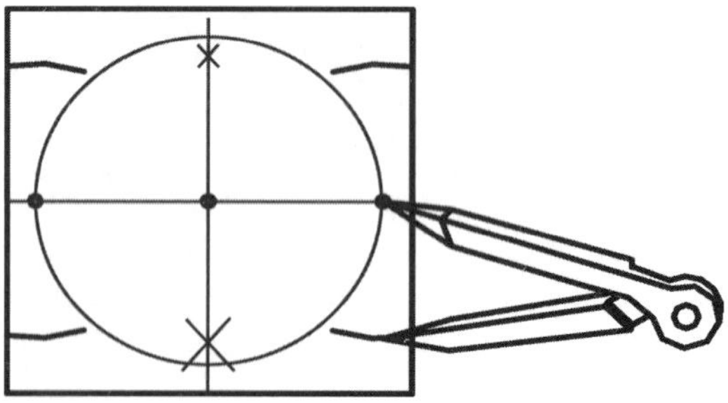

图2-1-20　划圆弧

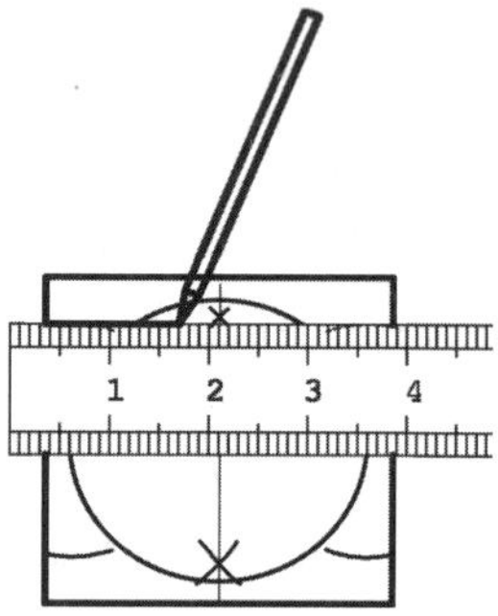

图2-1-21　划公切线

(6)圆周的三等分和六等分

在钢板上划一直径为60 mm的圆,分六等分。在钢板划一圆并按如图2-1-23所示打上样冲眼,方法同上。

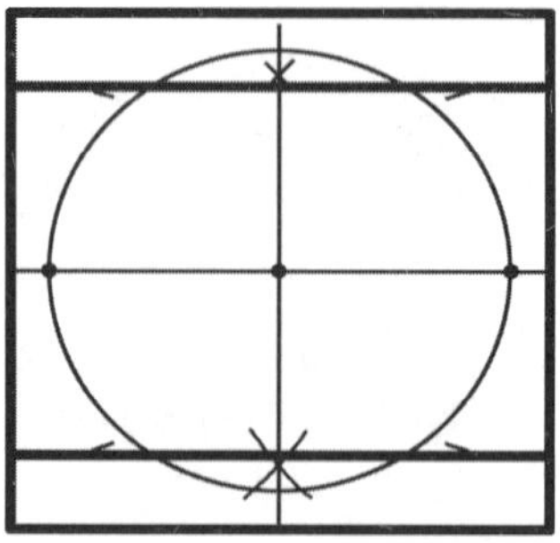

图2-1-22　平行线

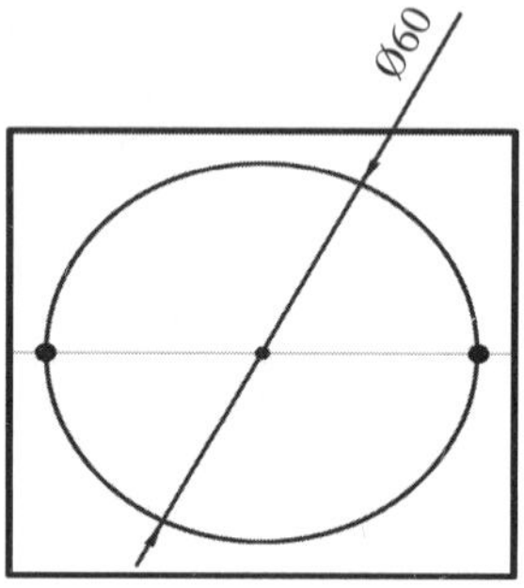

图2-1-23　划圆弧

以圆周上两冲眼为圆心,用划规(两尖角的长度等于半径)划弧与圆周相交,如图2-1-24所示。用样冲在交点打上冲眼即将圆周分为六等分,如图2-1-25所示。

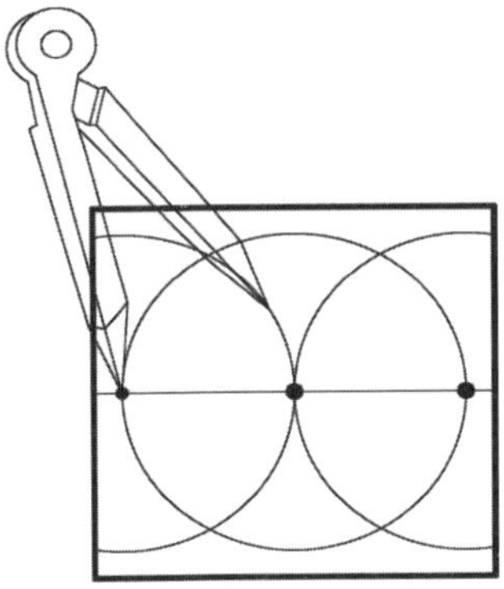

图2-1-24 划弧

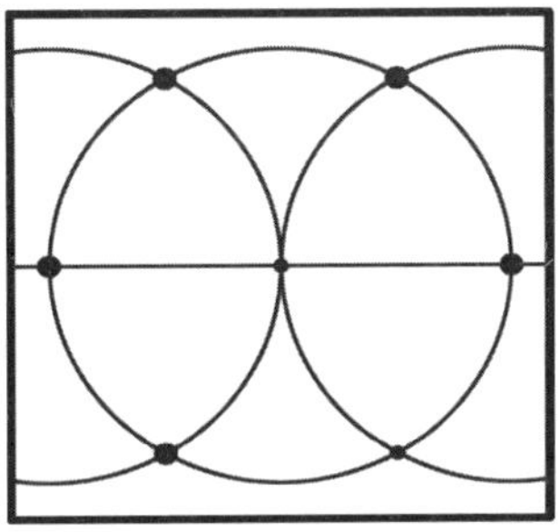

图2-1-25 圆周六等分

【小提示】

(1)划线要一次完成,不能重复划,要求划出的线条清晰、准确。同时划针的针尖要保持尖锐,不用时,应按规定放入盒内保存,以免扎伤人或造成针尖损坏。

(2)保证划规两脚等长,脚尖能合拢,松紧适当和脚尖锋利。

(3)打样冲眼的位置要正确,样冲眼要求大小一样,深浅一致,均匀分布,交点正中,齐线打中。

❊任务小结

1. 划线的基本要求。

2. 划线的工具及使用。

任务二　平面划线

划线是指根据图样要求或实物尺寸，在毛坯或半成品上用划线工具准确地划出图形或加工界线的操作工艺。而平面划线只需在工件的一个表面上划线后即能明确表示加工界线。如板形材料、条形材料表面上划线或在法兰盘端面上划线等都是平面划线。

一、基本线条的绘制步骤

1.绘制平行线

用钢直尺与划规配合划平行线（保留辅助线）：划已知直线的平行线时，用划规按两线距离在不同两处的同侧划一圆弧（半径为R_1），再用钢直尺作两弧线的切线，即得平行线（如图2-2-1所示）。

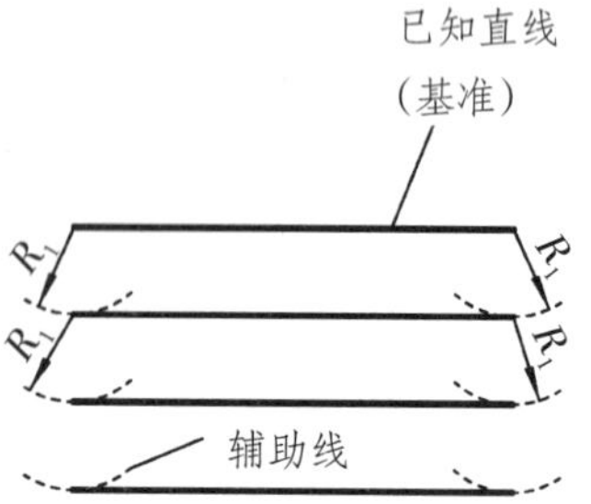

图2-2-1　绘制平行线

2.绘制垂直平分线

用钢直尺与划规配合划垂直平行线（保留辅助线）：划已知直线的垂直平分线时，以A点为圆心，大于AB的一半为半径作R_2圆弧。以B点为圆心，R_1=R_2为半径作R_1圆弧，两条圆弧相交于C、D。过CD作直线，即可垂直平分AB。（如图2-2-2所示）。

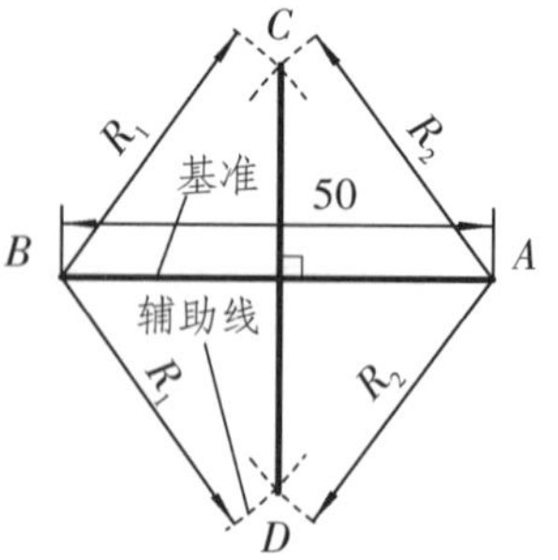

图2-2-2　绘制垂直平分线

3.绘制角平分线

取任意角α进行角平分，以A为圆心任取R_1为半径，在AB、AC边上划弧交B、C两点，再分别以B、C两点为圆心，R_2为半径划弧交于D点，作A与D的连线，即AD线段平分了$\angle\alpha$。如图2-2-3所示。

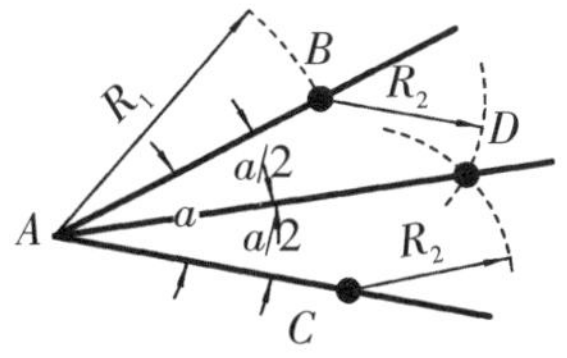

图2-2-3　绘制角平分线

4. 绘制特殊角30°、60°、45°

（1）60°角的划法

已知直线*AB*，作∠*A*=60°，∠*B*=30°。以*A*点为圆心，以*AB*(R_2)为半径，作圆弧；又以*AB*中点*O*为圆心，*OA*(R_1)为半径，作圆弧，两圆弧交于点*C*，连接*AC*即∠*A*=60°，同时连接*BC*，∠*B*=30°。如图2-2-4所示。

（2）45°角的划法

可将90°角平分即为45°角。方法同上。如图2-2-5所示。

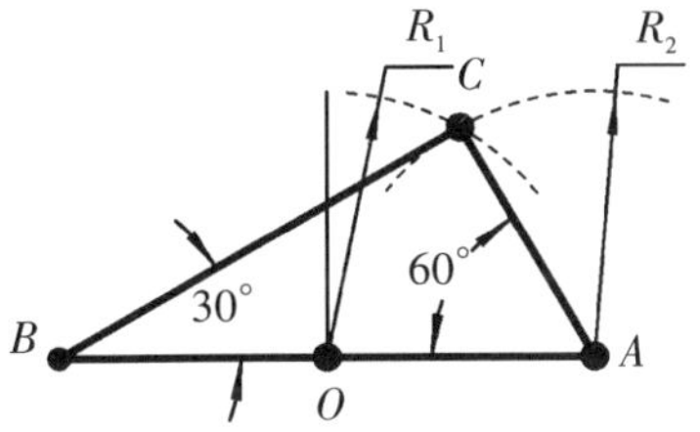

图2-2-4　60°角的划法

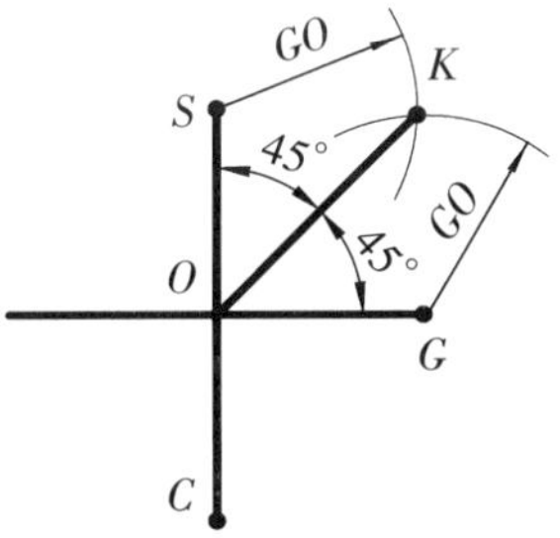

图2-2-5　45°角的划法

5. 圆周的三等分

作已知圆Φ50 mm的三等分，以*C*点为圆心，*CO*为半径作圆弧，交于圆弧*ABCD*上两点*E*、*F*点，然后直线连接*A*、*F*、*E*三点，即为圆周三等分。如图2-2-6所示。

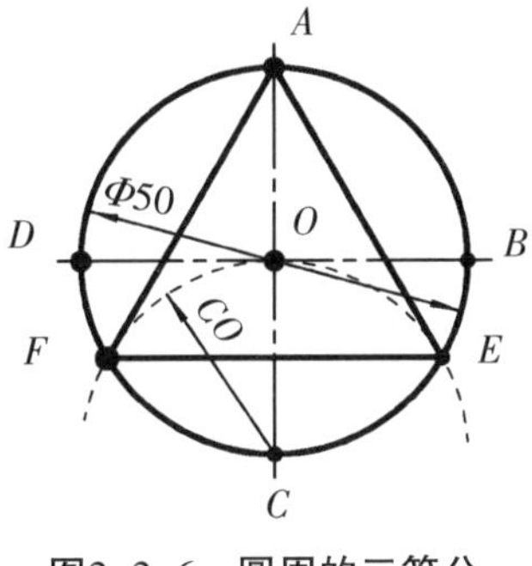

图2-2-6　圆周的三等分

6. 圆周的六等分

作已知圆Φ50 mm的六等分，以*C*点为圆心，*CO*为半径作圆弧，交于圆弧*ABCD*上两点*E*、*F*点，再以*A*为圆心，*AO*为半径作圆弧，交于圆弧*ABCD*上两点*H*、*T*点，然后直线连接*A*、*H*、*E*、*C*、*F*、*T*六点，即为圆周六等分。如图2-2-7所示。

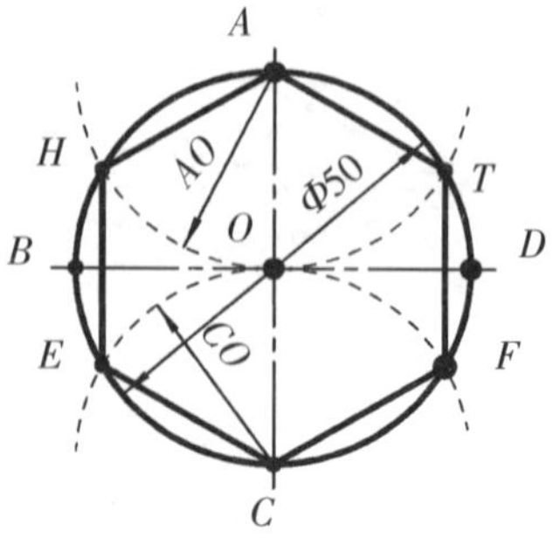

图2-2-7　圆周的六等分

7. 圆周的四等分

作已知圆 Φ50 mm 交坐标轴 ABCD 四点，以 A、B、C 三点为圆心，大于 AO 为半径划弧分别交于 E、F 点，作圆心 O 和 E、F 的连线并延长，分别交圆弧 ABCD 于 1、2、3、4 四点，分别连接 1、2、3、4 点，即四等分圆周完成。如图 2-2-8 所示。

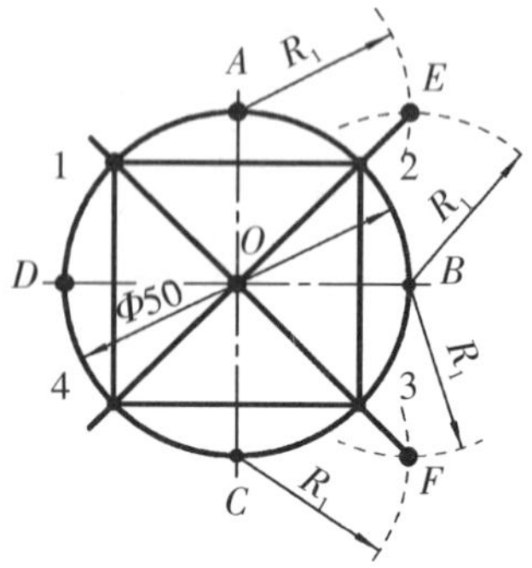

图2-2-8　圆周的四等分

8. 圆周的八等分

作已知圆 Φ50 mm 交坐标轴 ABCD 四点，以 A、D、C 三点为圆心，大于 AO 为半径划弧分别交于 E、F 点，作圆心 O 和 E、F 的连线并延长，分别交圆弧 ABCD 于 1、2、3、4 四点，分别连接 A、1、D、4、C、3、B、2 点，即八等分圆周完成。如图 2-2-9 所示。

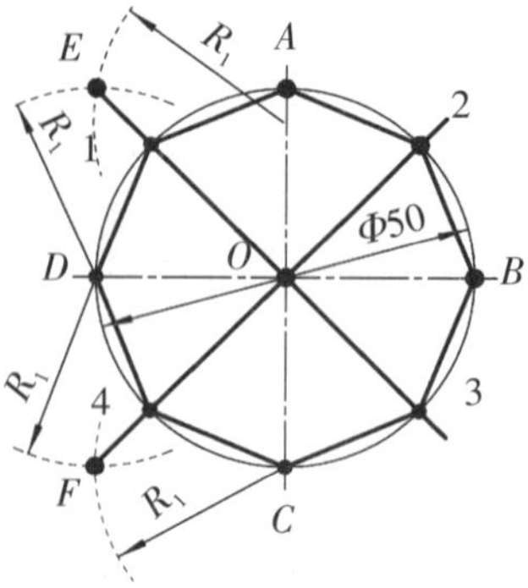

图2-2-9　圆周的八等分

9. 圆周的五等分

作已知圆 Φ50 mm 交坐标轴 ABCD 四点，以 D 点为圆心，DO 长为半径划弧交于 E、F 点，作EF的连线交BD(X轴)于H点,再以H点为圆心,HA为半径划弧交于BO(X轴)于N点,再以A点为圆心,AN长为半径划弧交圆于1、4点,即$A1$为五边形的边长。如图2-2-10所示。

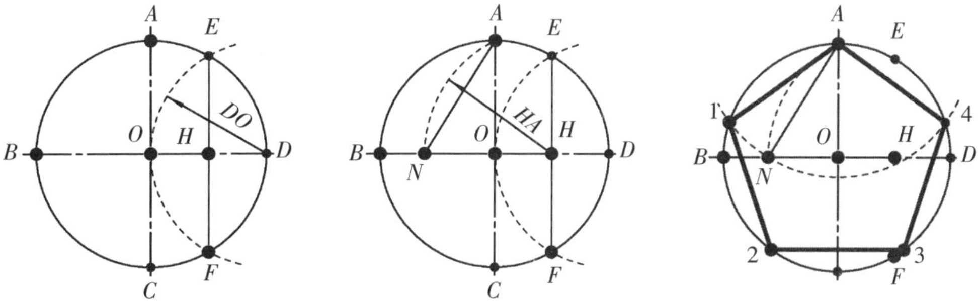

图2-2-10　圆周的五等分

10.等分线段法

常利用试分法:取线段AB并七等分,以A点为圆心,作任意角$A\angle a$的线段长AL(任意),再将AL长线段取任意长(K)为单位分成1、2、3、4、5、6、7七个单位并使每个单位K相等,再以直线连接7、B两点,然后作$7B$的平行线交于6、5、4、3、2、1这六个点,同时平分AB轴为$1'2'3'4'5'6'7'(B)$七等分。如图2-2-11所示。

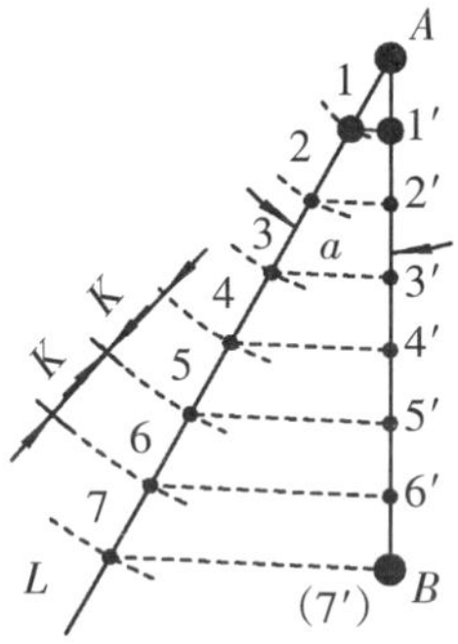

图2-2-11　等分线段法

二、几何作图的绘制步骤

1.两直线间的圆弧连接

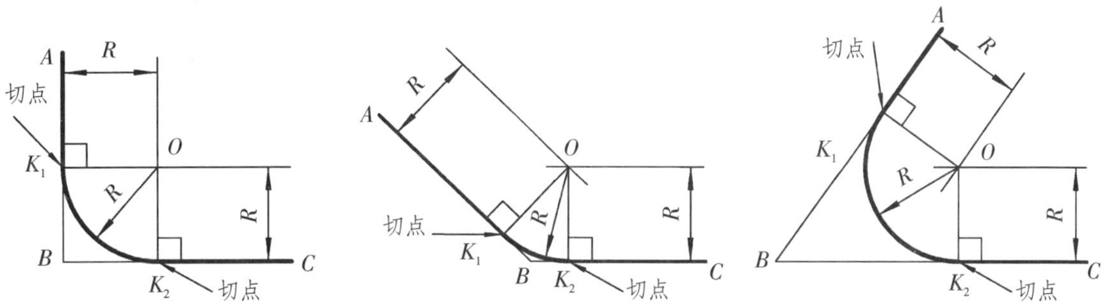

(a)直角　　(b)锐角　　(c)钝角

图2-2-12　两直线间的圆弧连接

用圆弧连接锐角、钝角和直角的两边(如图2-2-12所示),作图步骤如下:

①作与已知角两边AB、BC分别相距为R的平行线,交点O即为连接弧圆心;

②过O点分别向AB、BC两边作垂直线,垂足K_1、K_2即为切点;

③以O为圆心,R为半径在两切点K_1、K_2之间划连接圆弧即为所求。

2. 直线和圆弧间的圆弧连接

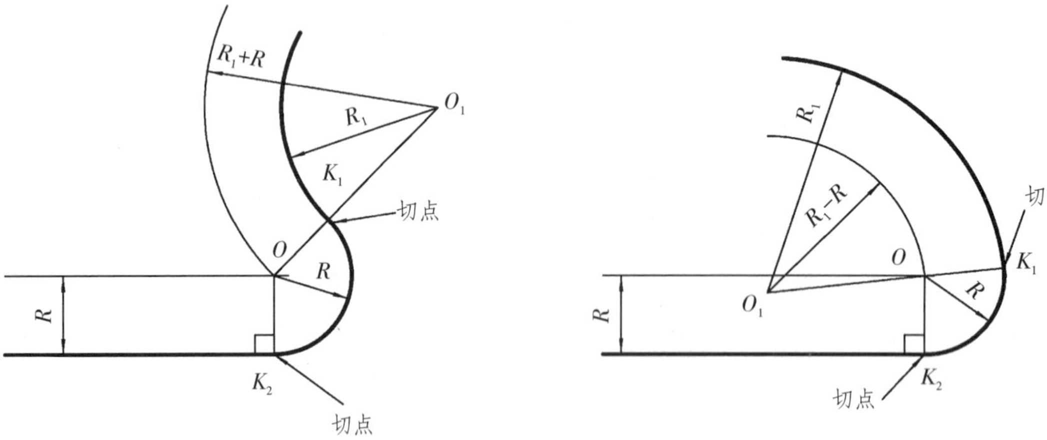

图2-2-13 直线和圆弧间的圆弧连接

用直线和圆弧间的圆弧连接(如图2-2-13所示),作图步骤如下:

①已知的连接圆弧半径R划弧,与直线AB和O_1圆弧外切(内切);

②作与直线A相距R的平行线L;以O_1为圆心,$R+R_1$($R-R_1$)为半径划弧交L线段于O点,即为连接弧圆心;

③过O点作直线的垂直线交于K_2,同时连接O_1、O点交于O_1圆弧于K_1点,K_1、K_2即为切点。以O为圆心,R为半径在两切点K_1、K_2之间划连接弧即为所求。

3. 两圆弧间的圆弧连接

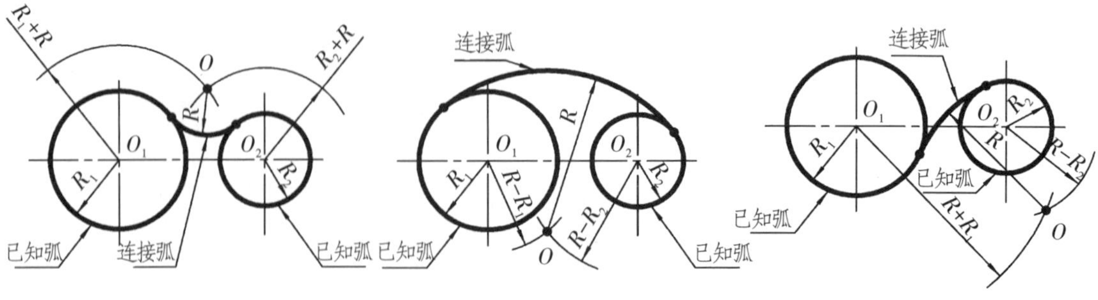

(a)外切　　(b)内切　　(c)内外切

图2-2-14 两圆弧间的圆弧连接

(1)外切

外切圆弧连接(如图a所示),其作图步骤如下:

①已知的连接圆弧半径R划弧,与圆O_1和O_2外切。

②以O_1为圆心,$R+R_1$为半径划弧;在以O_2为圆心,$R+R_2$为半径划弧;两条圆弧交于点O,

即连接弧R的圆心。

③用直线连接圆心O_1、O点交于O_1圆弧上，即为第一个切点；同时用直线连接圆心O_2、O点交于O_2圆弧上，即为第二个切点。

④以O为圆心，R为半径，在两切点之间划连接弧即为所求。

(2)内切

内切圆弧连接(如图b所示)，其作图步骤如下：

①已知的连接圆弧半径R划弧，与圆O_1和O_2内切。

②以O_1为圆心，$R-R_1$为半径划弧；在以O_2为圆心，$R-R_2$为半径划弧；两条圆弧交于点O，即连接弧R的圆心。

③用直线连接圆心O_1、O点交于O_1圆弧上，即为第一个切点；同时用直线连接圆心O_2、O点交于O_2圆弧上，即为第二个切点。

④以O为圆心，R为半径，在两切点之间划连接弧即为所求。

(3)内外切

内外切圆弧连接(如图c所示)，其作图步骤如下：

①已知的连接圆弧半径R划弧，与圆O_1和O_2外切+内切。

②以O_1为圆心，$R+R_1$为半径划弧；在以O_2为圆心，$R-R_2$为半径划弧；两条圆弧交于点O，即连接弧R的圆心。

③用直线连接圆心O_1、O点交于O_1圆弧上，即为第一个切点；同时用直线连接圆心O_2、O点交于O_2圆弧上，即为第二个切点。

④以O为圆心，R为半径，在两切点之间划连接弧即为所求。

三、平面划线安全文明操作规程

(1)正确使用划线工具，划线时将划线工具整齐地摆放在划线台内，不得随地乱扔乱放。

(2)划线时，不得把划针当样冲使用。

(3)划线结束后，将划针放在安全的地方，不得将划针放进自己的口袋内或与其他工具堆放。

(4)不得将划线工具作为武器使用，不得用划线工具损坏公共设施设备。

(5)不得用榔头、划针等划线工具与同学开玩笑。

※任务小结

1. 基本线条的绘制步骤。

2. 几何作图的绘制步骤。

3. 平面划线安全文明操作规程。

任务三　立体划线

立体划线是在工件的几个(至少两个)互成不同角度(或相互垂直)的表面上划线,才能满足加工要求的一种操作方法。立体划线可以正确地找正工件在划线平板上的位置,直接关系到工件后续加工,是零件加工中的重要操作。

一、立体划线的概念

所谓立体划线是指在工件的几个不同的表面上同时进行划线(通常是相互垂直的表面上)。立体划线主要是让加工者能看懂零件的加工图,明确零件各部位在机器中所起的作用。

二、立体划线的特点

(1)进行立体划线的工件各表面之间通常有一定的相互位置要求。如图2-3-1所示支架,支架的要求是两中心孔在同一轴线上且与底面平行,这两个孔的轴线必须在工件一次安装后划线。又如图2-3-2所示接头工件,要求是C面和D面在同一平面内且与孔的轴线平行。为保证接头各面、线相互位置的准确。C面和D面以及轴线必须在工件一次性安装后完成划线。

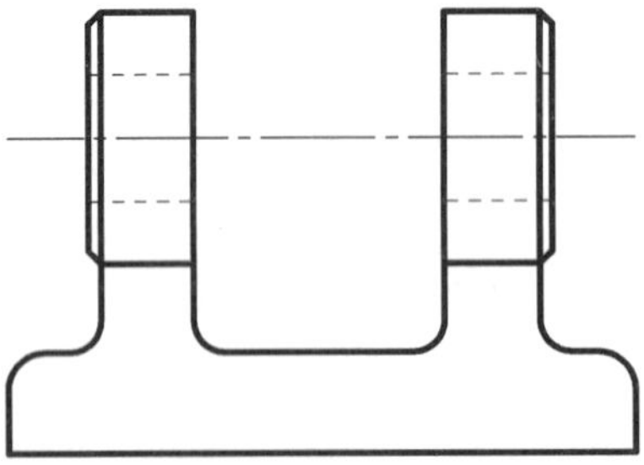

图2-3-1　支架

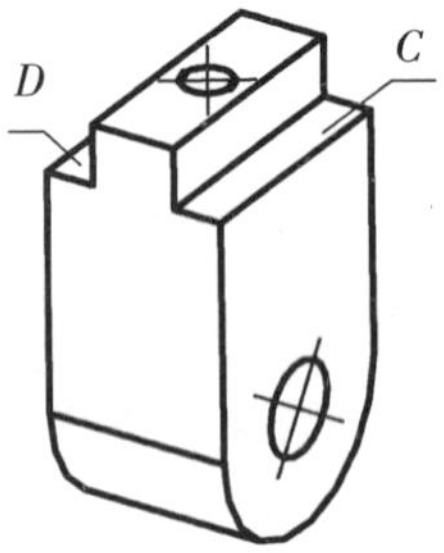

图2-3-2　接头

(2)立体划线时,没有必要划出工件的全部轮廓线,可只划出要加工的界线(如图2-3-3所示连杆)或机加工时的找正基准线。(如图2-3-4所示滑块)

(3)在工件上划某项工序的加工线,是由零件加工工艺过程所规定的,因此,进行划线前必须掌握零件的工艺过程,如工件面上有孔,如该工件是先平面加工后再进行钻孔加工,则应先划出平面加工界线,若孔加工线先划在要加工的表面上,当表面被加工切削后,孔加工线就不存在了。

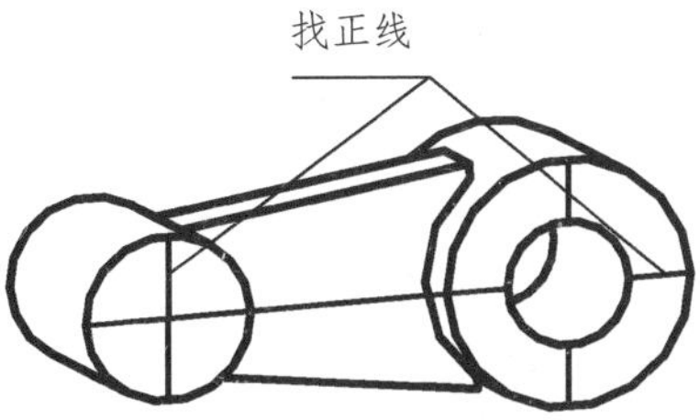

图2-3-3 连杆

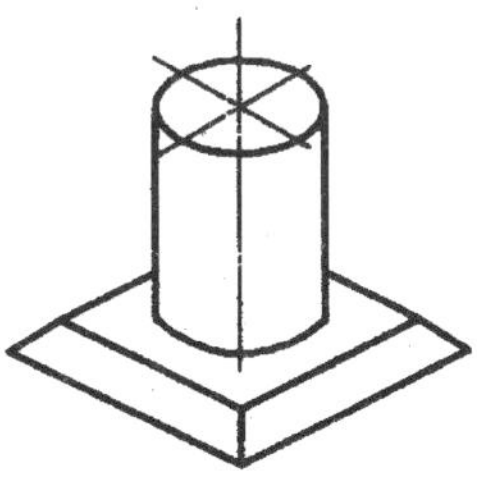

图2-3-4 滑块

(4)立体划线是在划线平板上划线，用划针盘或高度划线尺等工具进行的划线，零件上所有与平板平行的尺寸要换算为平板表面到划针尖的高度尺寸，如图2-3-5所示。在划线过程中，如果工件发生位移或划针松动等，都将会产生划线误差或尺寸错误。

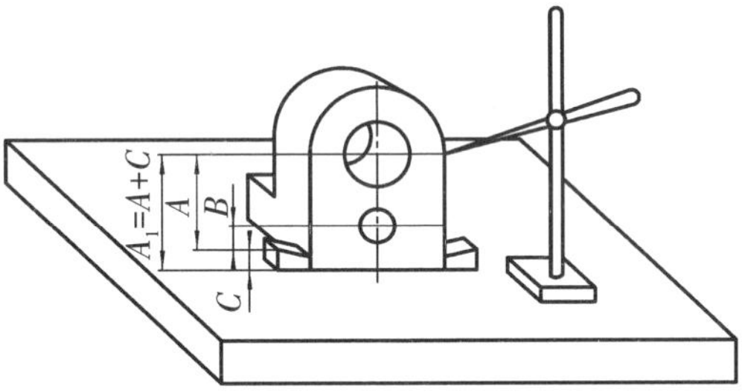

图2-3-5 立体划线

(5)工件在长、宽、高三个方向均有尺寸要求时，在划完一个方向的尺寸后，将工件翻转90°时，须用角尺按已划出的直线找正工件一方向的正确位置。同时调整千斤顶或楔铁找正工件在另一个方向的位置。当工件在上述两方向尺寸位置线划完后，将工件再翻转90°时，须用角尺在两个方向上，按已划出的线找正工件。

三、轴承座立体划线

分析：需要加工的部位有底面、轴承内孔、两侧大端面、2个螺栓孔及其上表面。需要划线的部位共有三个方向，工件需要三次安放才能划完全部线条。对轴承座毛坯已经铸有的$\Phi50$毛坯孔，需要事先安好塞块并做好其他划线准备。如图2-3-6所示。

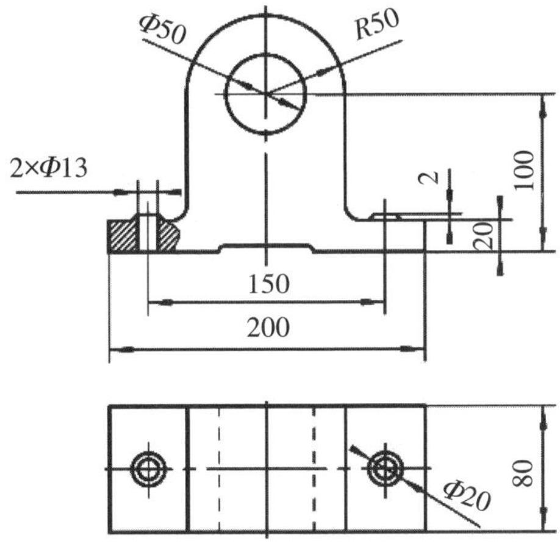

图2-3-6 划线分析图

用三个千斤顶支承轴承座底面，经过调整使轴承内孔的两端孔中心在同一高度后，划基准Ⅰ-Ⅰ和底面加工线，划出两个螺栓孔上平面加工线。如图2-3-7所示。

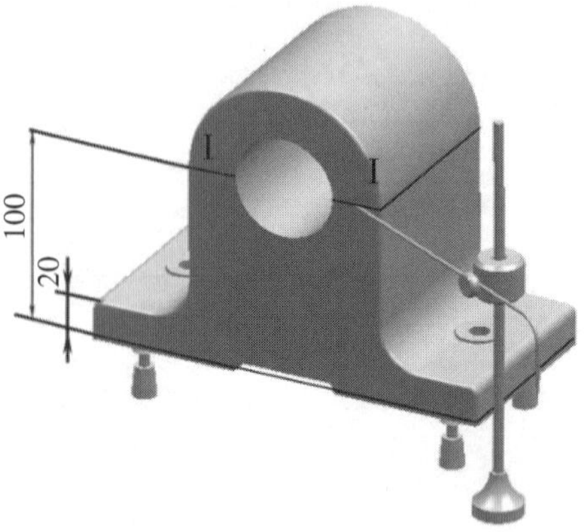

图2-3-7　划出加工线(一)

将工件翻转90°用千斤顶支承，经调整使轴承内孔的两端中心处于同一高度，同时用90°角尺按已经划好的底面加工线找正垂直度，划出两个螺栓孔的中心线和Ⅱ-Ⅱ-Ⅱ线。如图2-3-8所示。

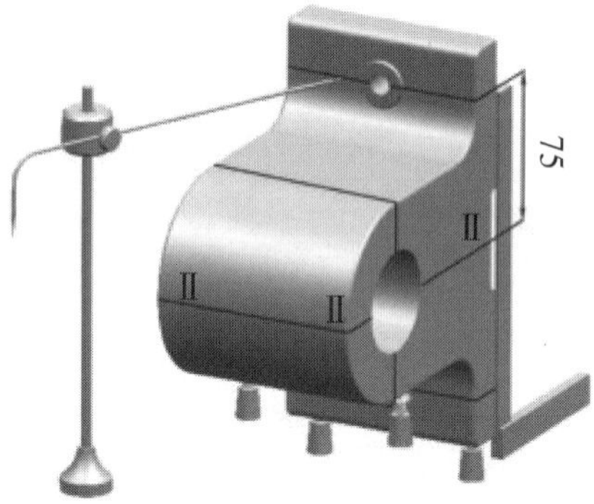

图2-3-8　划出加工线(二)

将工件翻转一定的位置，通过找正使底面加工线和Ⅱ-Ⅱ基准线处于铅垂位置。试划出两大端面的加工线。若两大端面的加工余量相差太多，则可通过两个螺栓孔中心线来借料，合适后划出基准线III-III和两大端面的加工线。然后再划出轴承孔和两个螺纹孔的圆周线。如图2-3-9所示。

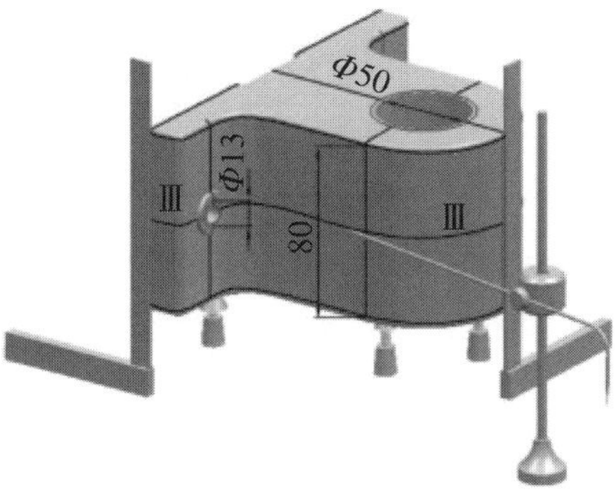

图2-3-9　划出加工线(三)

检查是否有错划、漏划。确定无误后,然后在所划线上冲样冲眼,划线工作结束。

注:冲眼时,根据该零件表面的要求,用力适当。

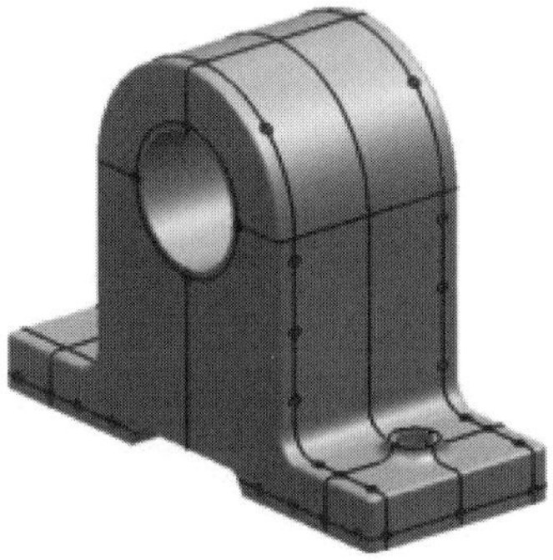

图2-3-10　划出加工线(四)

实训课题：平面划线

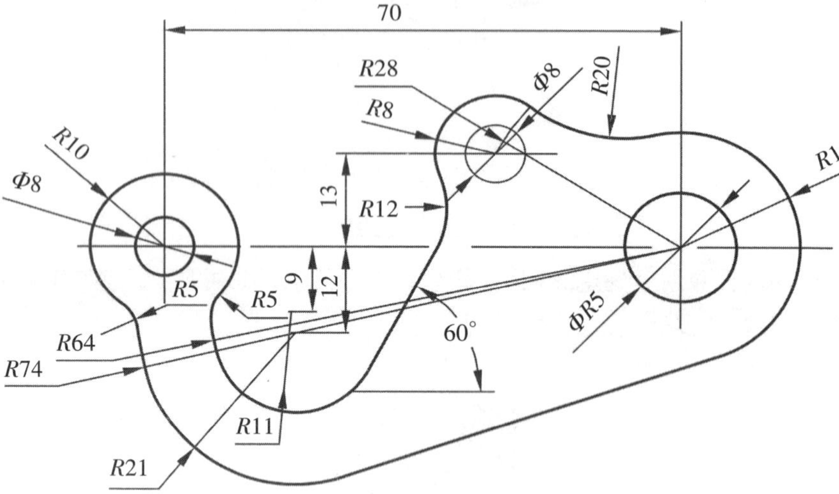

图2-3-11　一薄钢板平面划线加工零件图

扫码看微课

平面划线

一、任务要求

(1)正确使用划线工具；

(2)线条粗细均匀；

(3)图形正确，尺寸准确；

(4)样冲符合要求。

二、任务实施

要求划出直线、角度线、圆、圆弧线、直线和圆弧相切、圆弧和圆弧相切，等等。

三、任务准备

钢直尺、划针、划规、样冲、边长400 mm的白铁皮、榔头。

四、技能训练步骤

(1)认清图纸；

(2)确定划线基准；

(3)先划容易的，再划较难的；

(4)划完后进行检查，是否有多划或者是漏划的；

(5)最后按照要求进行冲眼。

五、注意事项及安全文明生产

(1)在毛坯表面上冲眼要深;

(2)金属薄板上冲眼要浅;

(3)精加工过的表面不许冲眼,软材料上不许冲眼;

(4)直线上冲眼之间的距离要大一些,弧线上冲眼之间的距离要小一些,圆心和线条的交点处必须冲眼;

(5)使用砂轮机时,要严格按照砂轮机的使用规则进行使用;

(6)划规、划针及榔头要使用恰当,防止伤人。

六、检测项目及评分标准

序号	质量检查内容	配分	评分标准	检测记录	得分
1	图形正确,分布合理	20分	每错一次扣2分		
2	尺寸公差±0.3	30分	一处超差扣1分		
3	样冲眼准确,分布合理	15分	冲偏一处扣1分,一处分布不合理扣1分		
4	线条清晰,无重复	15分	一处线条重复或模糊扣1分		
5	使用工具,操作姿势正确	10分	发现一次不正确扣1分		
6	圆弧与直线、圆弧与圆弧连接圆滑	10分	一处连接不好扣1分		
7	安全文明生产	只扣分	工具的使用和操作姿势不正确扣1~5分,出现重大安全事故扣5~10分		

七、任务图

平面划线实习图

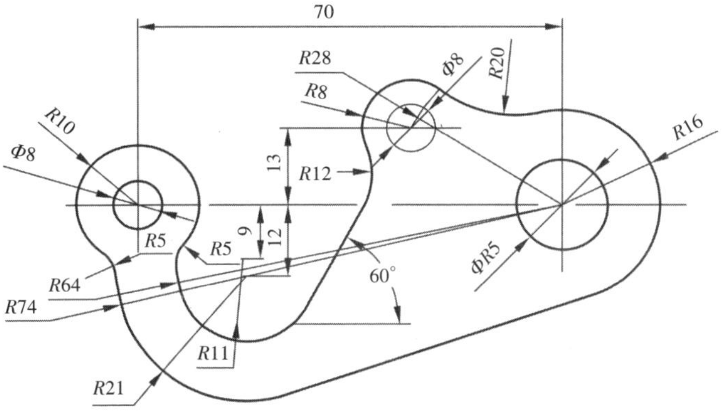

实习件名称	材料	件数	工时
平面划线	薄钢板	1	

项目三　金属锯削

教学内容

锯削基本知识；

锯削基本技能；

　　实训课题Ⅰ：锯削钢件；

　　实训课题Ⅱ：锯割型材。

扫码看微课

金属锯削

教学目标

【知识目标】

能讲解锯削的操作要领；

能说出不同的材料对锯条的要求。

【能力目标】

能正确安装锯条并操作锯弓；

能根据要求锯削不同材料。

【素养目标】

懂得锯削的安全操作规范；

有较强的质量意识与团队意识。

任务实施

任务一　锯削基本知识

锯削是根据图样的尺寸要求，用手锯锯断金属材料（工件）或在工件上进行切槽的操作方法。锯削的技巧性强，技术要求高，是钳工的三大基本技能之一，要求重点掌握。

一、锯削的概念及应用范围

1. 锯削的概念

利用锯条锯断金属材料（工件）或者在工件上进行切槽的操作称为锯削。虽然当前各种锯割自动化、机械化的切割设备已广泛地使用，但手工锯割还是常见的，它具有方便、简单和灵活的特点，在单件小批生产、临时工地以及切割异形工件、开槽、修整等场合应用较广。因此，手工锯削是钳工需要掌握的基本操作之一，如图3-1-1所示。

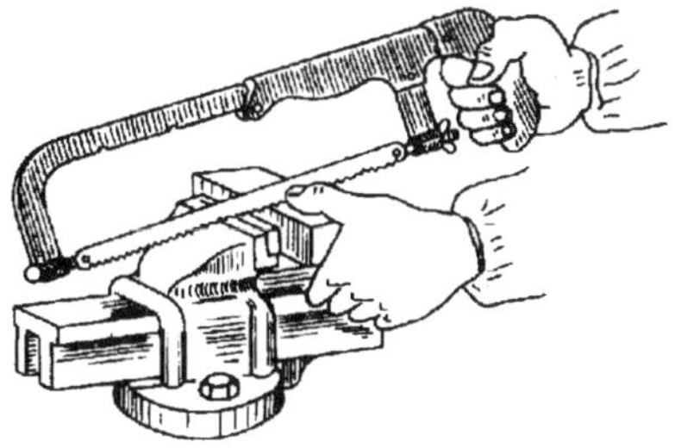

图3-1-1 锯削

2.应用范围

锯削工作范围包括：①分割各种材料及半成品；②锯掉工件上多余部分；③在工件上锯槽。主要适用于较小材料或工件的加工。如图3-1-2为手锯的主要工作范围，图(a)为把材料锯断，图(b)为锯掉工件上的多余部分，图(c)为在工件上锯槽。

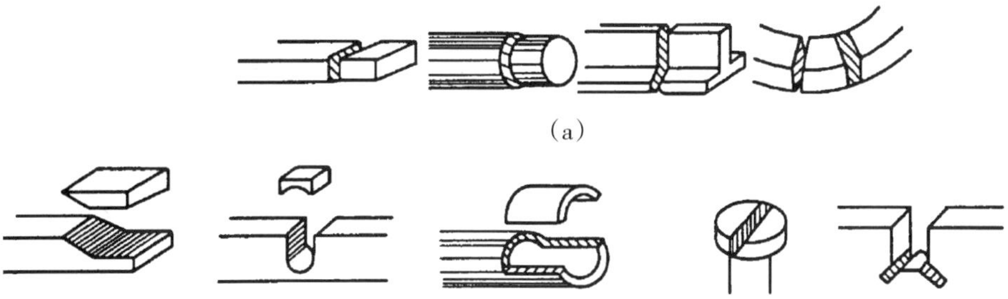

(a)

(b) (c)

图3-1-2 锯削的应用范围

二、锯削的工具

手锯：手锯由锯弓和锯条两部分组成。

1.锯弓

锯弓是用来夹持和拉紧锯条的工具。有固定式和可调式两种，如图3-1-3所示。固定式锯弓的弓架是整体的，只能装一种长度规格的锯条。可调式锯弓的弓架分成前后两段，由于前段在后段套内可以伸缩，因此可以安装几种长度规格的锯条，目前广泛使用的锯弓是可调式锯弓。

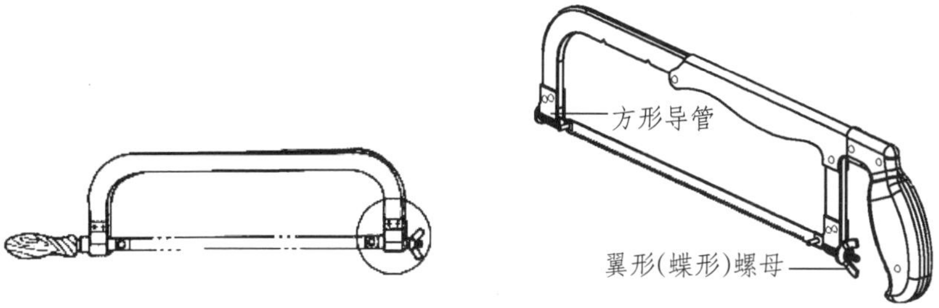

(a)固定式 (b)可调式

图3-1-3 锯弓种类

2.锯条

（1）锯条的材料与结构

锯条是用碳素工具钢（如T10或T12）或合金工具钢，经热处理制成。锯条的规格以锯条两端安装孔之间的距离来表示，常用锯条长300 mm、宽12 mm、厚0.8 mm。锯条的切削部分由许多锯齿组成，每个齿相当于一把錾子起切割作用。常用锯条的前角γ为0°、后角α为40°~50°、楔角β为45°~50°，如图3-1-4所示。锯条的锯齿按一定形状左右错开，排列成一定形状称为锯路。锯路有交叉、波浪等不同排列形状。锯路的作用是使锯缝宽度大于锯条背部的厚度，防止锯割时锯条卡在锯缝中，并减少锯条与锯缝的摩擦阻力，使排屑顺利，锯割省力，减少磨损或折断，如图3-1-5所示。

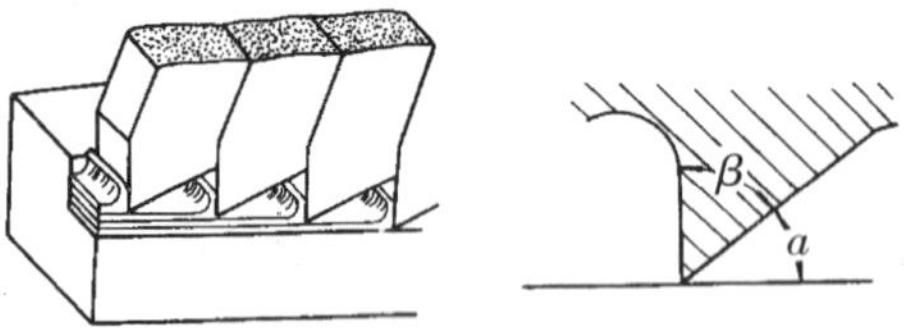

图3-1-4　锯齿的形状

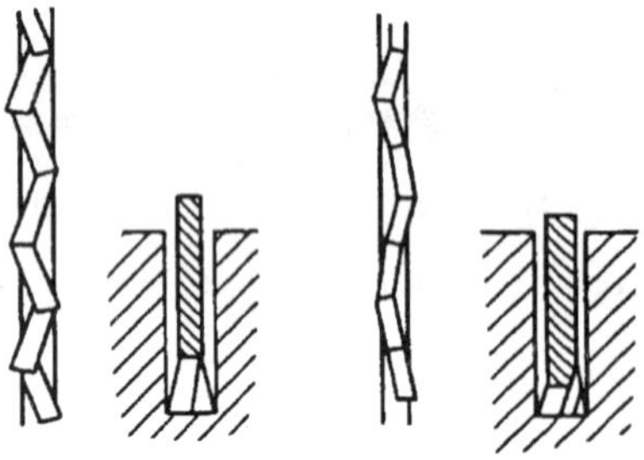

图3-1-5　锯路

锯齿的粗细是用锯条上每25 mm长度内的齿数来表示的。14~18齿为粗齿，22~24齿为中齿，32齿为细齿。锯齿的粗细也可按齿距t的大小来划分：粗齿的齿距t=1.6 mm，中齿的齿距t=1.2 mm，细齿的齿距t=0.8 mm。

（2）锯条粗细的选择

锯条的粗细应根据加工材料的硬度、厚薄来选择。锯割软的材料（如铜、铝合金等）或厚材料时，应选用粗齿锯条，因为锯屑较多，要求较大的容屑空间。

锯割硬材料（如合金钢等）或薄板、薄管时，应选用细齿锯条，因为材料硬，锯齿不易切入，锯屑量少，不需要大的容屑空间；锯薄材料时，锯齿易被工件勾住而崩断，需要同时工作的齿数多，使锯齿承受的力量减少。锯割中等硬度材料（如普通钢、铸铁等）和中等硬度的工件时，一般选用中齿锯条。

（3）锯条的安装

手锯是向前推时进行切割，在向后返回时不起切削作用，因此安装锯条时应锯齿向前，如图3-1-6所示。锯条的松紧要适当，太紧失去了应有的弹性，锯条容易崩断；太松会使锯条扭曲，锯缝歪斜，锯条也容易崩断。安装时的松紧程度可用手扳动锯条，感觉硬实即可。同时，一定要注意观察锯条平面是否平行于锯弓中心平面，防止倾斜和扭曲。

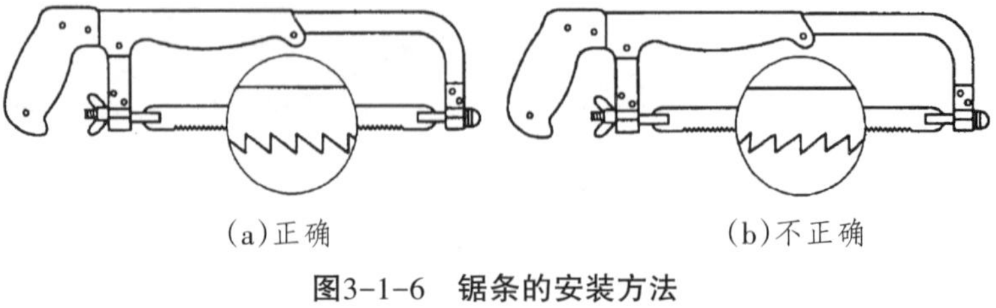

（a）正确　　（b）不正确

图3-1-6　锯条的安装方法

※任务小结

1. 锯削的定义及应用范围。

2. 锯削的工具及使用。

任务二　锯削基本技能

一、工件的装夹方法

工件的夹持要牢固，不可有抖动，以防锯割时工件移动而使锯条折断。同时也要防止夹坏已加工表面和使工件变形。工件尽可能夹持在虎钳的左面，以方便操作；锯割线应与钳口侧面平行（锯缝线与铅垂线方向一致），以防锯歪斜；工件伸出钳口应该尽量短，工件装夹应使锯缝距离钳口侧面20 mm左右，防止工件在锯削过程中产生振动。对于薄壁、管子及已加工表面，要防止夹持太紧而使工件或表面变形。

二、锯削的方法

1.锯削姿势和基本方法

锯削时站立姿势：左脚在前，右脚在后，两脚距离约为锯弓之长，呈“L”形。如图3-2-1所示。

锯弓的握法：右手推锯柄，左手大拇指扶在锯弓前面的弯头处，其他四指握住下部。锯割时推力和压力均主要由右手控制。左手所加压力不要太大，主要起扶正锯弓的作用。

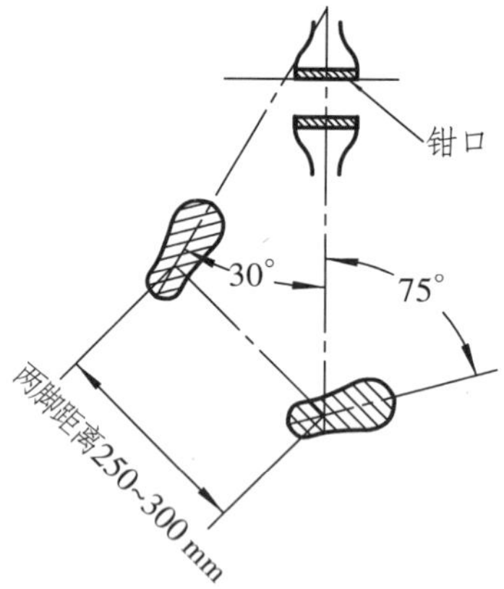

图3-2-1　锯削站立姿势

2.起锯方法

起锯的方式有远边起锯和近边起锯两种，一般情况采用远边起锯。因为此时锯齿是逐步切入材料，不易卡住，起锯比较方便。起锯角 α 以15°左右为宜。为了起锯的位置正确和平稳，可用左手大拇指挡住锯条来定位。起锯时压力要小，往返行程要短，速度要慢，这样可使起锯平稳。起锯方法，如图3-2-2所示。

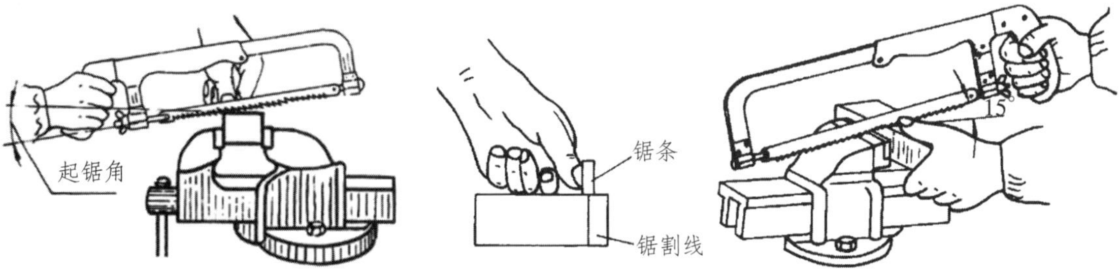

图3-2-2 起锯方法

3. 正常锯削

锯削时，手握锯弓要舒展自然，右手握住手柄向前施加压力，左手轻扶在弓架前端，稍加压力。人体重量均布在两腿上。锯割时速度不宜过快，以每分钟30~60次为宜，并应用锯条全长的三分之二工作，以免锯条中间部分迅速磨钝。

推锯时锯弓运动方式有两种：一种是直线运动，适用于锯缝底面要求平直的槽和薄壁工件的锯割；另一种锯弓上下摆动，这样操作自然，两手不易疲劳。手锯在回程中，不应施加压力，以免锯齿磨损。锯割到材料快断时，用力要轻，以防碰伤手臂或折断锯条。

三、不同工件的锯削方法

1. 棒料的划线和锯削方法

可用长方形硬纸片围住圆钢划线，以便得到垂直于轴线的整齐的锯缝，如图3-2-3所示（管子的锯割划线与此同）。锯削圆钢时，为了得到整齐的锯缝，应从起锯开始以一个方向锯结束。如果对断面要求不高，可逐渐变更起锯方向，以减少阻力，便于切入。

图3-2-3 圆钢的划线和锯削方法

2. 管子的锯削

锯削圆管时，一般把圆管水平地夹持在虎钳内，对于薄管或精加工过的管子，应夹在木垫之间。锯割管子不宜从一个方向锯到底，应该锯到管子内壁时停止，然后把管子向推锯方向旋转一定角度，仍按原有锯缝锯下去，这样不断转锯，直到锯断为止。如图3-2-4、图3-2-5所示。

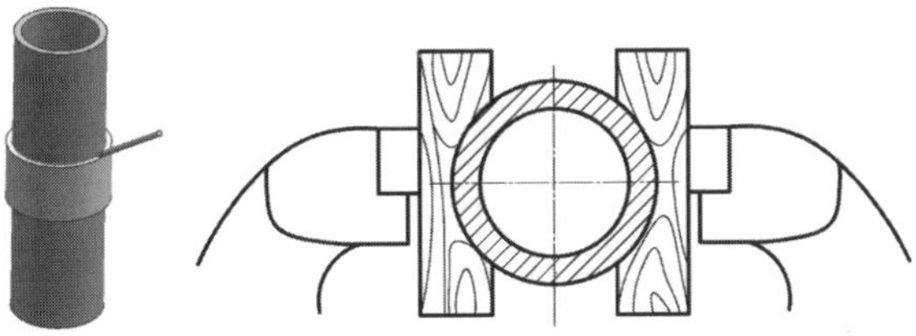

图3-2-4 管子的划线与锯割方法

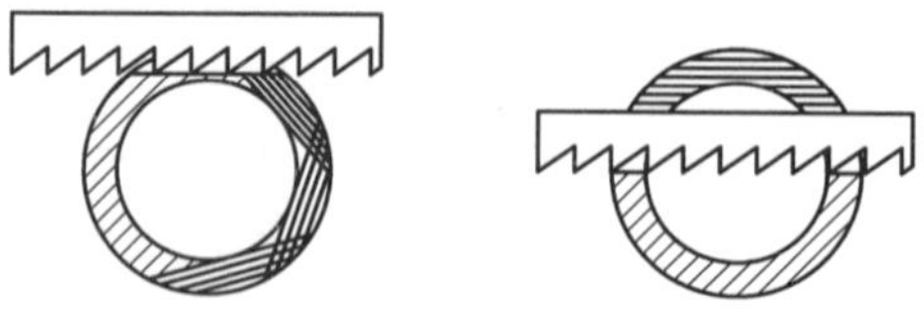

(a)正确　　(b)错误

图3-2-5　管子的锯割运锯路线

3.薄板料的锯削

锯割薄板时，应该尽可能地从板料的宽面上锯下去，或者直接将板料夹持在台虎钳上，如图3-2-6所示。当只能从板料的窄面上锯割时，为了防止工件产生振动和变形，可用木板夹住薄板两侧进行锯割，连木块一起锯下。

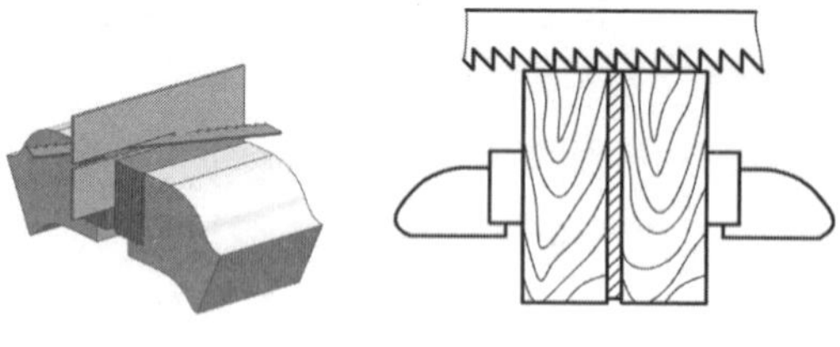

(a)斜向锯割　　(b)木板夹持锯割

图3-2-6　薄板的锯割方法

4.深缝的锯割方法

当锯缝的深度超过锯弓的高度时，应该将锯条转过90°重新安装，使锯弓转到工件的侧面，当锯弓转90°依然高度不够时，可以使锯齿朝内（转动180°）安装进行锯割。如图3-2-7、图3-2-8、图3-2-9所示。

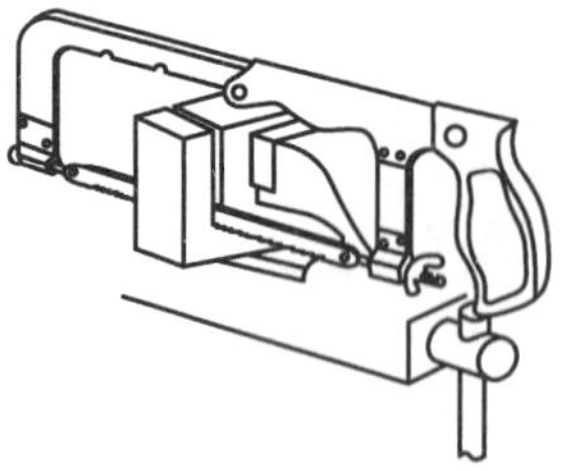

图3-2-7　正常锯割

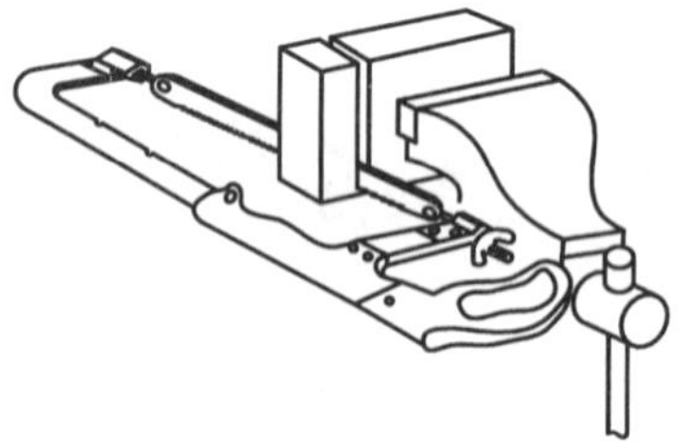

图3-2-8　侧面方向锯割

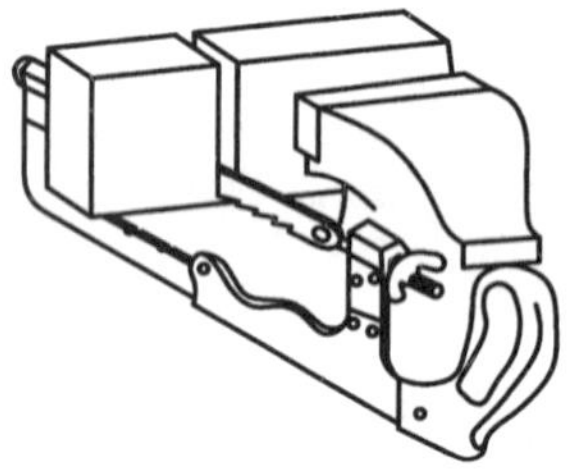

图3-2-9　锯齿向内锯割

四、锯削安全文明操作规程

（1）锯削前要检查锯条的装夹方向和松紧程度，同时，工件的锯缝必须装夹正直；

（2）锯削时压力不可过大，速度不宜过快，以免锯条折断伤人；

（3）锯削将完成时，用力不可太大，并需用左手扶住被锯下的部分，以免该部分落下时砸脚；

（4）锯削加工中不能将食指靠在锯弓蝶形（翼形）螺母上，防止手指在工件上撞伤；

（5）锯弓是右手工具，应该放在台虎钳的右边，不能和量具重叠；

（6）锯缝歪斜或者更换新锯条后锯割一定要降低速度，防止锯条折断伤人；

（7）起锯时，注意力一定要集中，起锯角不能太大，速度要慢，防止左手拇指被锯伤。

※任务小结

1. 工件的装夹与锯削。
2. 不同工件的锯削方法。
3. 锯削安全文明操作规程。

实训课题Ⅰ：锯削钢件

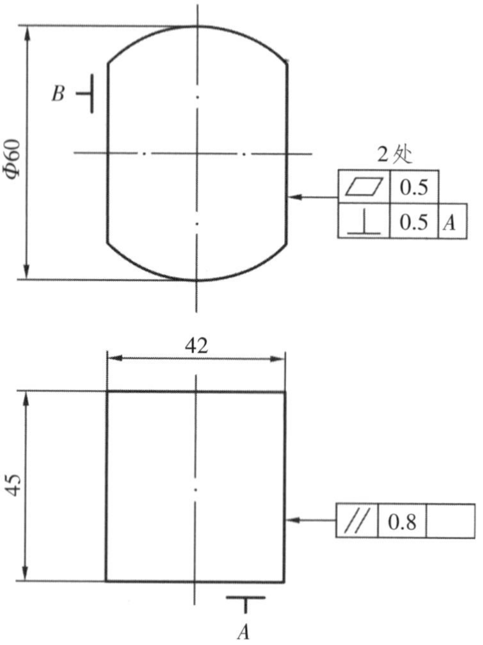

扫码看微课

锯削钢件

图3-2-10　锯削45#钢件零件图

一、操作技术要点

要求锯削姿势正确，锯条安装合理。

二、刀具、量具和辅助工具

锯弓、锯条、角尺、钢尺、游标卡尺、塞尺等。

三、操作过程

(1)检查用料尺寸，划出平面加工线；

(2)锯*B*面，达到平面度、垂直度要求，同时达到与圆柱母线的尺寸公差要求；

(3)锯*B*面对应面，达到平面度、平行度、垂直度要求。

四、安全文明生产的注意事项

(1)锯削时双手压力合适，锯条安装松紧适度，以免锯条折断崩出伤人；

(2)锯削面不允许修整。

五、检测项目及评分标准

序号	质量检查内容	配分	评分标准	检测记录	得分
1	42±0.8	30分	超差扣30分		
2	平行度0.8	20分	超差扣20分		
3	平面度0.5(2处)	20分	一处超差扣10分		
4	垂直度0.5(2处)	20分	一处超差扣10分		
5	锯削姿势正确	10分	按正确程度给分		
6	安全文明生产	只扣分	工具的使用和操作姿势不正确扣1~5分,出现重大安全事故扣5~10分		

六、任务图

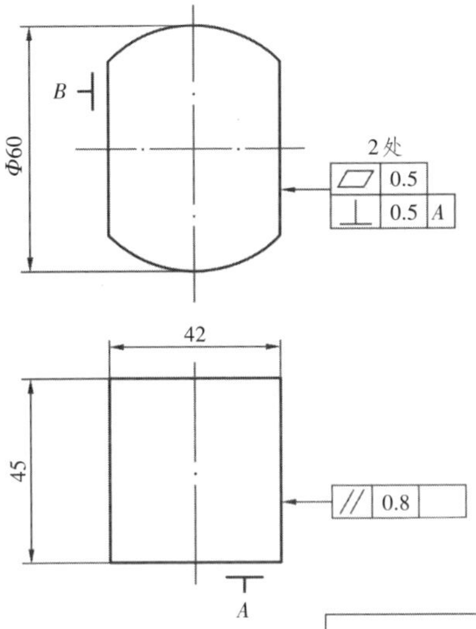

实习件名称	材料	件数	工时
锯削钢件	45#钢	1	

实训课题Ⅱ：锯割型材

扫码看微课

锯割型材

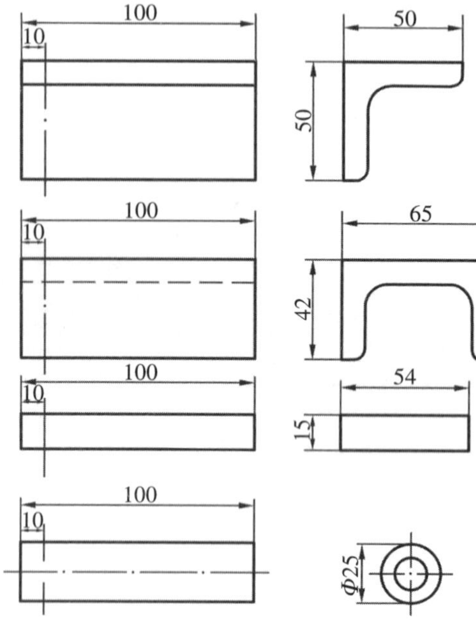

图3-2-11　锯割45#型材加工零件图

一、操作技术要点

掌握各种型材的锯割和夹持方法。

二、刀具、量具和辅助工具

锯弓、各种锯条、宽座角尺、钢尺、游标卡尺、方箱、划针盘等。

三、操作过程

(1)各种型材用角尺划线，圆管用划针盘划线，按线锯割；

(2)自检。

四、安全文明生产的注意事项

(1)锯割时用力适当，防止锯条折断；

(2)根据不同型材，合理选择锯条。

五、检测项目及评分标准

序号	质量检查内容	配分	评分标准	检测记录	得分
1	锯缝平直	40分	超差扣30分		
2	锯面光整	40分	超差扣20分		
3	锯条完好	20分	折断锯条扣10分		
4	安全文明生产	只扣分	工具的使用和操作姿势不正确扣1~5分，出现重大安全事故扣5~10分		

六、任务图

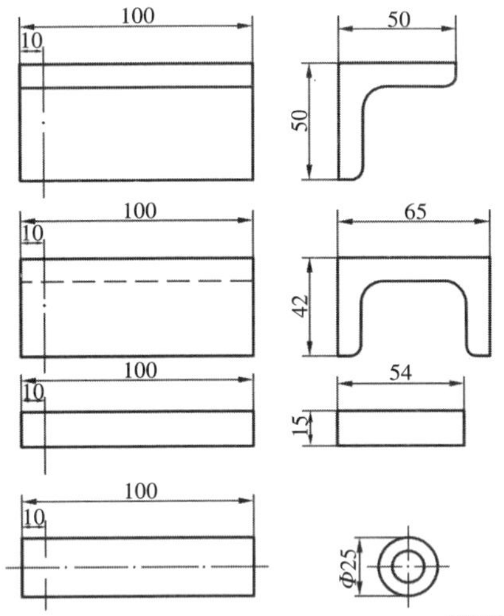

实习件名称	材料	件数	工时
锯削型材	45#钢	1	

项目四　金属錾削

教学内容

錾削基本知识；

錾削基本技能。

实训课题Ⅰ：錾削狭平面；

实训课题Ⅱ：錾削直槽；

实训课题Ⅲ：錾削大平面。

扫码看微课

金属錾削

教学目标

【知识目标】

能讲解錾削工具用途和錾子的几何角度；

能说出錾子的刃磨与热处理方法。

【能力目标】

能掌握錾削操作要领；

能完成錾削狭平面、直槽和大平面工作任务。

【素养目标】

能养成工具、量具摆放整齐，用完及时归还的良好习惯；

能养成完成工作任务后，及时打扫场地卫生的习惯；

能严格遵守錾削操作安全规程，预防安全事故的发生。

任务实施

任务一　錾削基本知识

錾削是钳工工作中较重要的一项基本技能，錾削是利用手锤敲击錾子对金属进行切削加工的一种操作方法。它主要用于零件制造过程中某些部位不能采用机械加工或不宜采用机械加工的地方。采用錾削，可去除毛坯或铸件、锻件的飞边、毛刺、浇冒口、凸台，切割板料、条料，开槽以及对金属表面进行粗加工等。尽管錾削工作效率不高，劳动强度大，但由于工具简单，操作方便、灵活，仍然应用于许多机械加工场合，在机械制造中起着重要的作用。

一、錾削工具

1.錾子及錾子的种类

(1)錾子

錾子是錾削工件的刀具,由头部、切削部分及錾身三部分组成。尖端通常制成锥形,顶端略带球形,以便锤击力能通过錾子轴心。柄部一般制成六边形,以便操作者定向握持。錾子一般用碳素工具钢(T7A、T8A)锻打成型后,切削部分经刃磨和热处理而成,其硬度可达HRC56~HRC62。

(2)錾子的种类及用途

錾子切削部分根据錾削对象的不同,可分为以下三种类型。

①扁錾。

扁錾又称为平錾、阔錾,切削刃较长,切削部分扁平,刃口略带弧形,主要用来錾削平面,去除毛刺、飞边和切割板料等,应用最为广泛。如图4-1-1(a)所示。

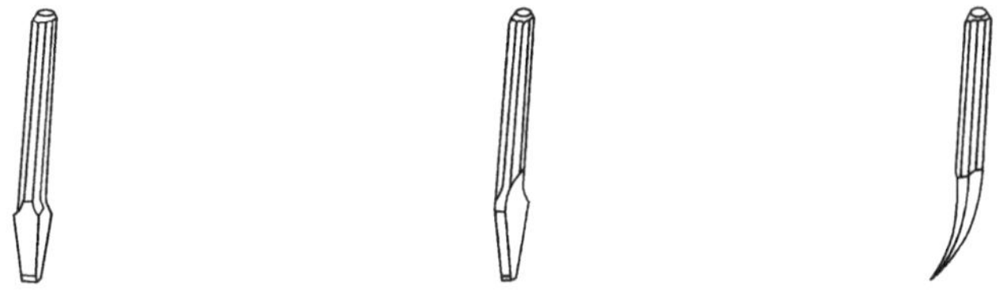

(a)扁錾　(b)窄錾　(c)油槽錾

图4-1-1　常用錾子

②窄錾。

窄錾又称尖錾,窄錾的切削刃比较短,且一刃两侧面自切削刃起向柄部逐渐变狭窄,以防止在切槽时两侧被卡住,窄錾(尖錾)用于錾沟槽和板料切割等。如图4-1-1(b)所示。

③油槽錾。

油槽錾切削刃很短,且呈圆弧形。为了能在对开式的内曲面上錾削油槽,其切削部分做成半圆形状。油槽錾主要用于錾削平面或曲面上的润滑油槽等。如图4-1-1(c)所示。

2.手锤

手锤又叫榔头,手锤是钳工常用的敲击工具,也常被用于装配、修理机器和设备中。手锤由锤头、木柄和楔子组成。根据用途的不同,锤头有软、硬之分。软锤头的材料种类有铅、铝、铜、硬木、橡皮等几种。软锤头多用于装配和矫正。而硬锤头主要用于錾削,其材质通常为碳素工具钢(T7A),经热处理淬硬后磨光,木柄用硬而不脆的木材制成,如胡桃木、檀木等。手锤使用较多的是两端的球面,其规格指锤头的质量,常用的规格有0.25 kg、0.5 kg、1 kg等几种。手柄的截面形状为椭圆形,以便操作时定向握持。柄长350 mm,若过长,会使操作不便,过短则又使挥力不够。为了使锤头和锤柄可靠地装配,锤头的孔做成椭圆形,且中间小两端大。木柄装入后,再敲入金属楔铁,以避免在工作中锤头松动、脱落,造成事故。如图4-1-2所示。

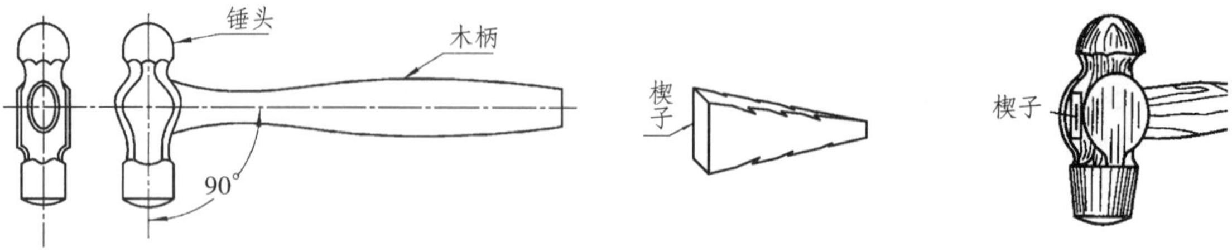

图4-1-2　手锤

二、錾子的几何角度

錾子与其他刀具相同,都必须具备两个基本条件:切削部分的材料比工件的硬;切削部分的形状必须呈楔形。在錾削时,錾子的硬度、楔角的大小、切削部分所在的位置,是影响錾削工件质量的关键条件。錾子的切削部分主要由前刀面、后刀面和它的交线组成。如图4-1-3所示。

1.切削部分的两面一刃

(1)前刀面:錾子工作时与切屑接触的表面。

(2)后刀面:錾子工作时与切削表面相对的表面。

(3)切削刃:錾子前刀面与后刀面的交线。

(4)基面:通过切削刃上任一点与切削速度垂直的平面。

(5)切削平面:通过切削刃任一点与切削表面相切的平面,图4-1-3所示中切削平面与切削表面重合。

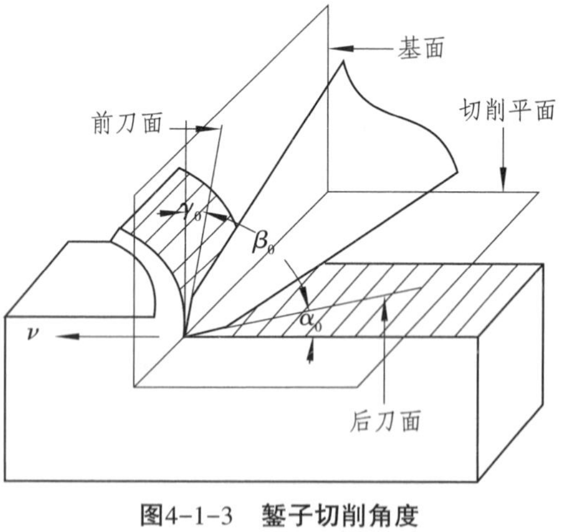

图4-1-3　錾子切削角度

2.錾子切削时的三个角度

为了获得一定的錾削质量和工作效率,对錾子刃口的几何角度及切削时所处的位置,都必须熟练掌握。

(1)楔角β_0

錾子前刀面与后刀面之间的夹角称为楔角。楔角大小对錾削有直接影响,楔角愈大,切削部分强度愈高,錾削阻力越大。所以选择楔角大小应在保证足够强度的情况下,尽量取小的数值。錾硬材料楔角大，软材料楔角小。錾削一般硬材料，如钢、铸铁等，楔角取60°~70°。錾削中等硬度材料，楔角取50°~60°。錾削铜、铝软材料，楔角取30°~50°。

（2）后角α_0

后角是后刀面与切削平面所夹的锐角。后角的大小决定了切入深度及切削的难易程度。后角愈大，切入深度就愈大，切削愈困难。反之，切入就愈浅，切削容易，但切削效率低。但如果后角太小，会因切入分力过小而不易切入材料，錾子易从工件表面滑过。一般取后角α_0=8°较为适中，主要是减小后刀面与切削平面之间的摩擦。如图4-1-4所示。

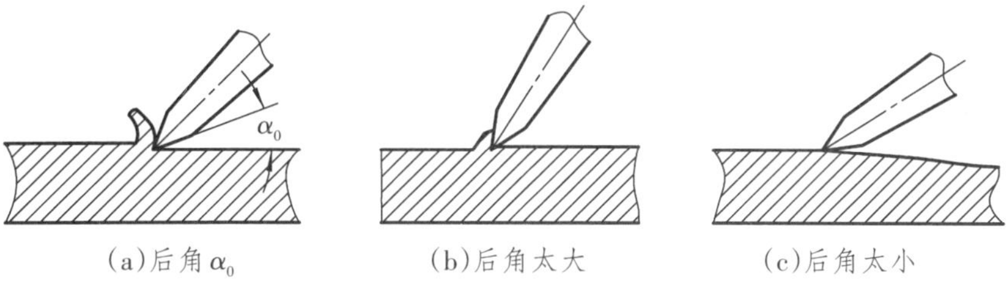

图4-1-4　后角的大小对錾削的影响

后角大小会给錾削质量和速度带来很大的影响，但后角的大小是人为掌握的，只有刻苦训练才能从容自如地控制。

（3）前角γ_0

前角是前刀面与基面所夹的锐角。前角的作用是錾切时，减小切屑的变形。前角愈大，錾切越省力。由于基面垂直于切削平面，存在$\alpha_0+\beta_0+\gamma_0=90°$关系，当后角$\alpha_0$一定时，前角$\gamma_0$的数值由楔角$\beta_0$的大小决定。

三、錾子的刃磨方法与热处理

1.錾子的刃磨

由于錾子切削部分的好坏直接影响錾削质量和錾削效率，因此，在錾削过程中，若錾子磨损了，应及时修磨。刃磨錾子时，应将錾子刃面置于旋转着的砂轮轮缘上，并略高于砂轮的中心，且在砂轮的全宽方向做左右移动。刃磨时要掌握好錾子的方向和位置，以保证所磨的楔角符合要求。前、后两面要交替刃磨，以求对称。刃磨时，加在錾子上的压力不应太大，以免刃部因过热而退火，必要时，可将錾子浸入冷水中冷却。如图4-1-5所示。

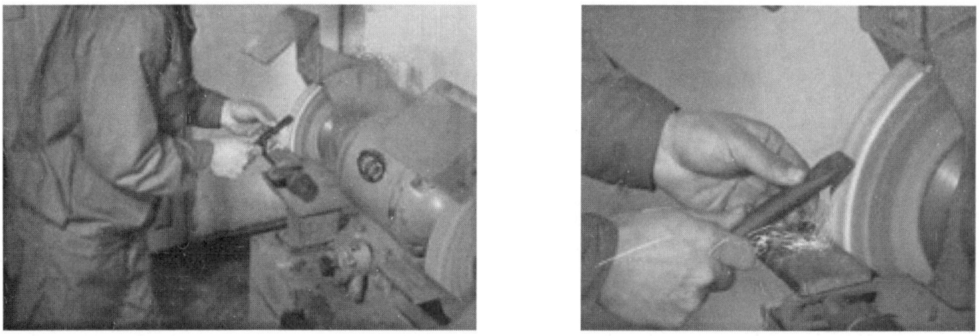

图4-1-5　刃磨方法

2.錾子的热处理

为了能保证錾子切削部分的硬度和韧性，需选择合理的热处理方式。錾子经过锻造后，须进行热处理，而錾子的热处理包括淬火和回火两个过程，在热处理前，应先将錾子的切削部分进行粗磨，以便在热处理过程中容易识别其表面的颜色。

錾子在热处理时，将錾子切削部分的25 mm左右深度插入炉中（一般采用锻造炉），加热到750~780 ℃，呈暗樱红色后，取出快速浸入冷水中冷却（浸入深度为5~6 mm），并沿水面做缓慢移动，可使淬火部分与不淬火部分的界线不十分明显，减少在这交界处发生开裂的倾向。当錾子未在水中的部分变成黑色时，即从水中取出，迅速将刃面在砖刃口或砂布上擦几下，去掉表面氧化层或污物，利用上部余热进行回火。这时要注意观察刃口面随温度升高的颜色变化情况：从水中取出后由灰白色变为黄色，再由黄色变为红色、紫色、蓝色；当呈现黄色时，把錾子全部浸入水中冷却，这种回火温度称为“黄火”；当呈现蓝色时，把錾子全部浸入水中冷却，这种回火温度称为“蓝火”。“黄火”的硬度比“蓝火”高，耐磨，但较脆容易断裂；“蓝火”硬度比较适宜，故较多采用。錾子的热处理，如图4–1–6所示。

图4–1–6　錾子的热处理

※任务小结

1. 錾子的种类。

2. 錾子的几何角度。

3. 錾子的刃磨方法与热处理。

任务二 錾削基本技能

一、錾子的握法

要想有好的錾削质量，必须掌握錾子正确的握法。錾子有正握法、反握法和立握法三种。

1. 正握法

正握法的方法：握錾时手心向下，用中指和无名指握住錾子，小指自然合拢，食指和大拇指自然地接触，錾子头部伸出约20 mm。如图4-2-1(a)所示。

2. 反握法

握錾时手心向上，大拇指捏住錾子前部，中指、小指自然握住錾子，手掌悬空，小指自然合拢，食指自然地接触錾子，伸出约20 mm。如图4-2-1(b)所示。

3. 立握法

主要用于垂直錾削板料。如图4-2-1(c)所示。

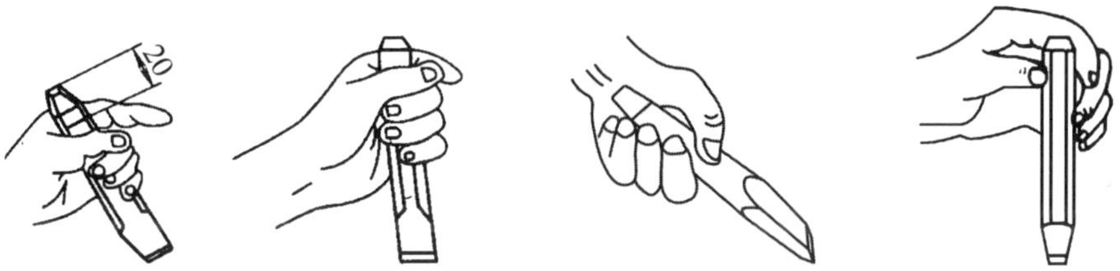

(a)正握法　　(b)反握法　　(c)立握法

图4-2-1　錾子的握法

二、手锤的握法

1. 紧握法

用右手五指紧握锤柄，大拇指轻压在食指上，虎口与锤头方向一致，木柄尾端露出15~30 mm。敲击过程中五指始终紧握。如图4-2-2(a)所示。

2. 松握法

只用大拇指和食指始终握紧锤柄，挥锤时，小指、无名指、中指则依次放松。其优点是手不易疲劳，锤击力大。如图4-2-2(b)所示。

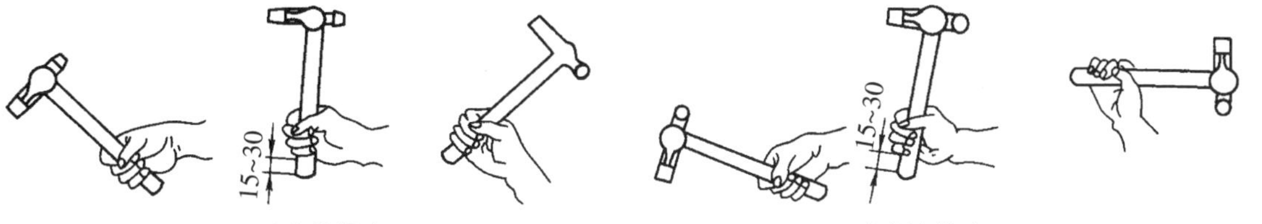

(a)紧握法　　(b)松握法

图4-2-2　手锤的握法

三、挥锤的方法

錾削时挥锤要有节奏，挥锤速度一般约为40次/分，手锤敲下去时应加大速度，这样可以增加锤击的力量，挥锤方法有腕挥锤法、肘挥锤法、臂挥锤法三种。

1.腕挥锤法

腕挥锤法只依靠手腕的运动来挥锤。这种方法锤击力量小，一般用于錾削的开始和结尾。錾油槽、直槽和加工模具等可用此方法。如图4-2-3(a)所示。

2.肘挥锤法

肘挥锤法是利用腕和肘一起运动来挥锤，敲击力较大，切削效果高，应用广泛。常用于錾削平面、切断材料或錾削较长的直槽。如图4-2-3(b)所示。

3.臂挥锤法

臂挥锤法是利用手腕、肘和臂一起挥锤，锤击力最大，用于需要大量錾削的场合。如图如图4-2-3(c)所示。

(a)腕挥锤法　　(b)肘挥锤法　　(c)臂挥锤法

图4-2-3　挥锤方法

四、錾削姿势

錾削的站立姿势很重要，它关系到锤击力的大小、锤击速度的快慢、锤击的准确性和錾削质量。操作者在錾削时，身体与台虎钳纵向中心线呈45°，两脚间距约300 mm，同时互成一定角度，左脚跨前半步，右脚稍微朝后(如图4-2-4所示)，身体自然站立，重心偏于右脚。右脚要站稳，右腿伸直，左腿膝盖关节自然弯曲。眼睛注视錾削处，以便观察錾削的情况，左手握錾使其在工件上保持正确角度，右手挥锤，使锤头沿弧线运动，进行锤击(如图4-2-5所示)。

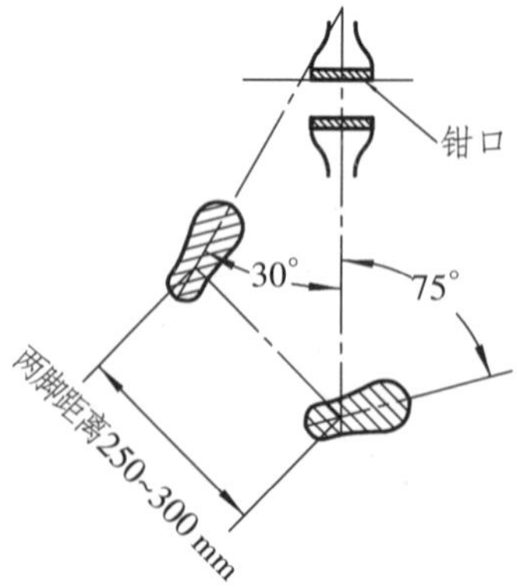

图4-2-4　錾削时双脚的位置

图4-2-5　錾削姿势

五、锤击要领和錾削要领

1.挥锤

肘收臂提，举锤过肩，手腕后弓，三指微松，锤面朝天，稍停瞬间。

2.锤击

目视錾刃，臂肘齐下，收紧三指，手腕加劲，锤錾一线，锤走弧形，左脚着力，右腿伸直。

3.要求

稳——速度节奏，40次/min；

准——命中率高；

狠——锤击有力。

4.錾削口诀

右手触颚钳齐拐，自然站立控制錾。

两眼注视錾削处，錾子切勿左右摆。

松握肘挥锤击錾，借助回力尽后甩。

锤力相等又适中，苦练方能见好歹。

六、锤击安全文明操作规程

(1)练习件在台虎钳中央必须夹紧，伸出高度一般以离钳口10~15 mm为宜，同时下面要加木材垫。

(2)发现手锤木柄有松动或损坏时，要立即更换或装牢；木柄上不应沾油，以免使用时滑出。

(3)錾子头部有明显毛刺时，应及时磨去。

(4)手锤应放置在台虎钳右边，柄不可露在钳台外面，以免掉下伤脚，錾子应放在台虎钳左边。

七、錾削安全文明操作规程

(1)錾子要经常刃磨锋利，以免錾削时打滑。

(2)錾削飞边或毛刺时，应戴防护眼镜。

(3)挥锤时要注意身后，防止伤人。

(4)錾子修磨时，切削刃必须高于砂轮中心，用力不要过猛，以防錾子扎进砂轮和搁架之间，发生事故。

(5)錾削前方应有安全网，以防錾削时铁屑飞出伤人。

✲任务小结

1.錾子、手锤的握法。

2.挥锤的方法。

3.錾削姿势与锤击要领和錾削要领。

4.锤击、錾削安全文明操作规程。

实训课题Ⅰ：錾削狭平面

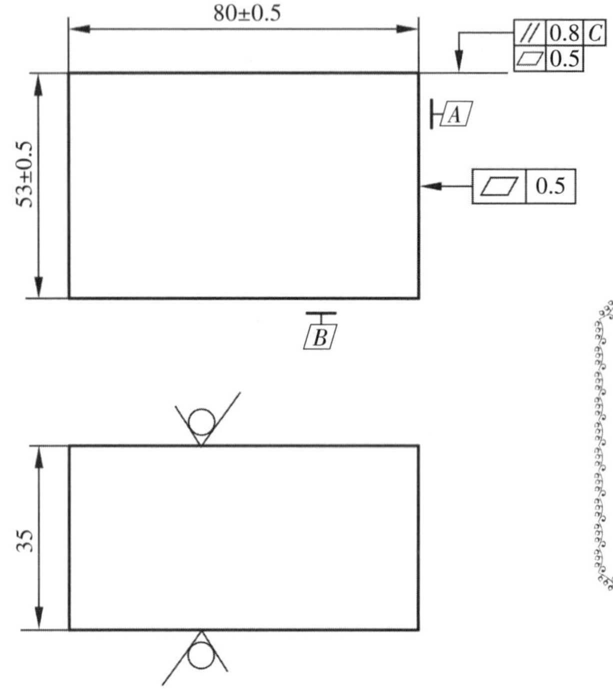

扫码看微课

錾削狭平面

图4-2-6 錾削狭平面加工零件图

一、操作技术要点

(1)錾削姿势正确，錾削平面平直；

(2)正确掌握使用钢尺、塞尺及游标卡尺来检验尺寸、形位公差的方法；

(3)根据颜色，判断錾子淬火、回火的温度；

(4)知道錾子的刃磨方法。

二、刀具、量具和辅助工具

榔头、扁錾、钢尺、塞尺、游标卡尺、划针盘、平板等。

三、操作过程

(1)检查用料，划出錾面加工界线。

(2)夹紧工件，使*A*加工线平行钳口伸出5 mm左右。

(3)錾*A*面：粗錾时，錾削量在0.5~1 mm。为防止工件錾到尽头处崩裂，约距15 mm时，调头錾削，以保证平面度要求。錾*B*面时，保证平面度要求。

(4)按线錾削*A*面对应面，保证平面度、平行度、尺寸公差要求；錾*C*面对应面时，保证平面度、平行度、尺寸公差要求。

四、安全文明生产的注意事项

(1)錾削前戴好劳保眼镜，工件要夹紧，榔头要装牢，以防止脱落出砸伤人；

(2)工具和量具注意分放，工具放在虎钳的右边，量具放在盒内或平板上(在虎钳的左边)；

(3)錾子的淬火、回火练习，注意温度、色别对錾子硬度的影响；

(4)遵守使用砂轮机磨削的安全操作规程。

五、检测项目及评分标准

序号	质量检查内容	配分	评分标准	检测记录	得分
1	(80±0.5)mm，(53±0.5)mm	40分	一处超差扣20分		
2	平面度0.5(4处)	20分	一处超差扣5分		
3	平行度0.8(2处)	10分	一处超差扣5分		
4	錾削姿势正确	10分	按正确程度给分		
5	刃磨錾子角度基本正确	10分	按正确程度给分		
6	工件表面粗糙度	10分	若表面损伤，则分数全扣		
7	安全文明生产	只扣分	工具的使用和操作姿势不正确扣1~5分，出现安全事故扣5~10分		

六、任务图

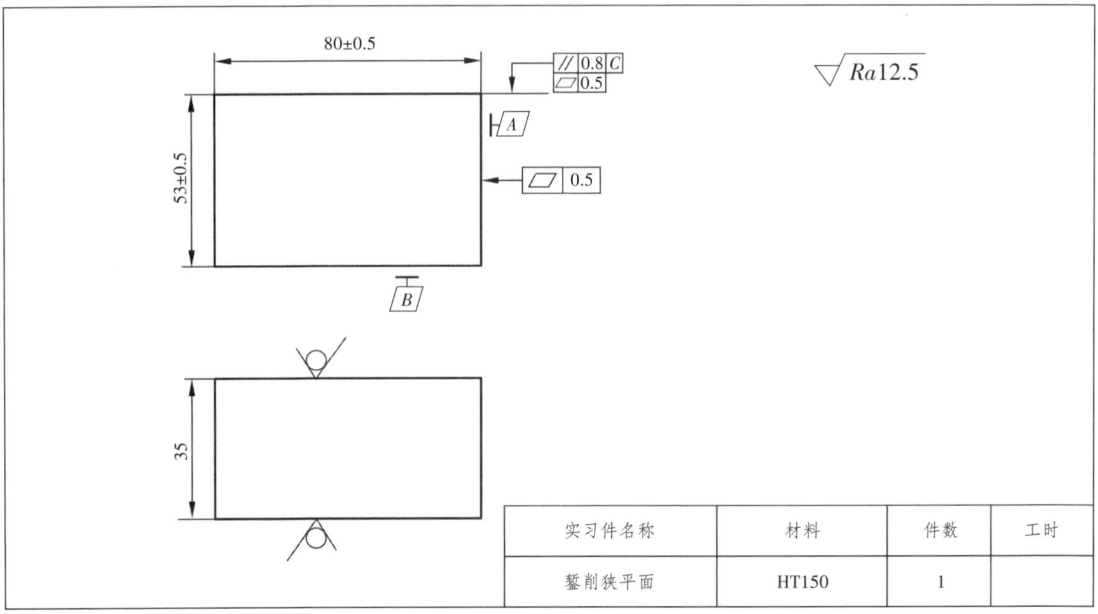

实训课题Ⅱ：錾削直槽

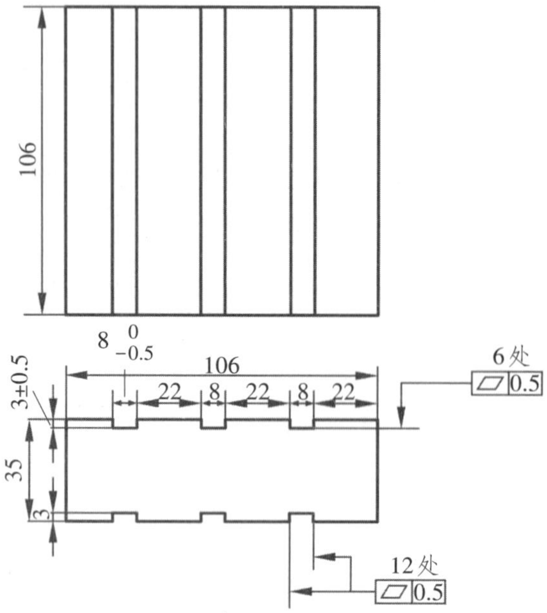

图4-2-7　錾削直槽零件图

一、操作技术要点

掌握狭錾子刃磨技术及錾削直槽的方法。

二、刀具、量具和辅助工具

榔头、狭錾、钢尺、游标卡尺、划针盘等。

三、操作过程

(1)检查用料尺寸；

(2)按图样尺寸进行划线；

(3)依次錾削各槽，每个槽分几次錾削，每次的錾削余量≤0.5 mm；

(4)检查錾削质量，并进行修整。

四、安全文明生产的注意事项

(1)严格遵守錾削操作的安全规程；

(2)錾削时，錾子要握正、握稳、锤击力要适当。

五、检测项目及评分标准

序号	质量检查内容	配分	评分标准	检测记录	得分
1	槽深3±0.5(6处)	12分	一处超差扣2分		
2	槽宽 $8_{-0.5}^{0}$(6处)	30分	一处超差扣5分		
3	槽宽平面度0.5(12处)	24分	一处超差扣2分		
4	槽口喇叭口0.5(6处)	12分	一处超差扣1分		
5	槽底平面度0.5(6处)	12分	一处超差扣2分		
6	槽面外形无损伤	5分	目测给分		
7	錾子(狭錾)正确刃磨(二把)	5分	目测给分		
8	安全文明生产	只扣分	工具的使用和操作姿势不正确扣1~5分，出现安全事故扣5~10分		

六、任务图

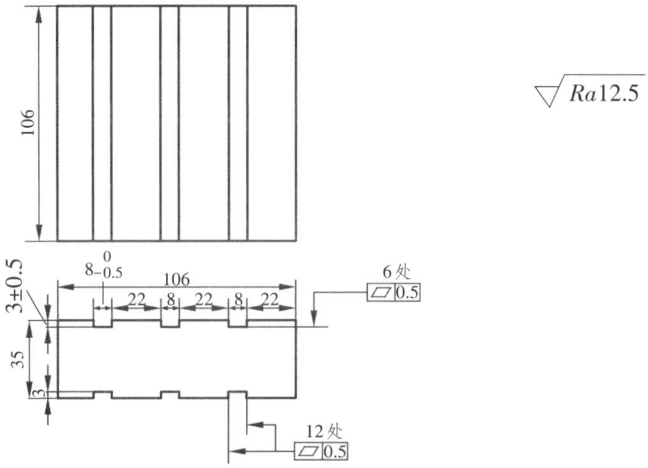

实习件名称	材料	件数	工时
錾削直槽	HT150	1	

实训课题Ⅲ：錾削大平面

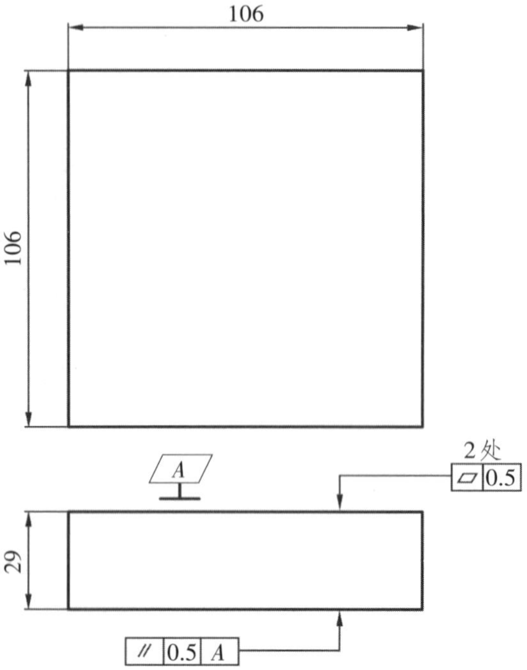

图4-2-8　錾削大平面加工零件图

一、操作技术要点

掌握大平面的錾削方法和正确的錾削姿势。

二、刀具、量具和辅助工具

扁錾、钢尺、游标卡尺、塞尺、划针盘等。

三、操作过程

(1)錾A面，按图样要求錾削平面，达到平面度的要求；

(2)以A面为基准，划出厚度尺寸为29 mm的平面加工线；

(3)錾削A面对应的面，达到尺寸公差29±0.5 mm，满足平面度、平行度的要求。

四、安全文明生产的注意事项

(1)严格遵守錾削的安全操作规程；

(2)防止工件端部产生崩裂现象。

五、检测项目及评分标准

序号	质量检查内容	配分	评分标准	检测记录	得分
1	29±0.5	40分	超差扣40分		
2	平行度0.5	10分	超差扣10分		
3	平面度0.5(2处)	10分	一处超差扣5分		
4	錾削痕迹整齐	20分	目测给分		
5	錾子刃磨正确	10分	目测给分		
6	錾削姿势正确	10分	按正确程度给分		
7	安全文明生产	只扣分	工具的使用和操作姿势不正确扣1~5分,出现安全事故扣5~10分		

六、任务图

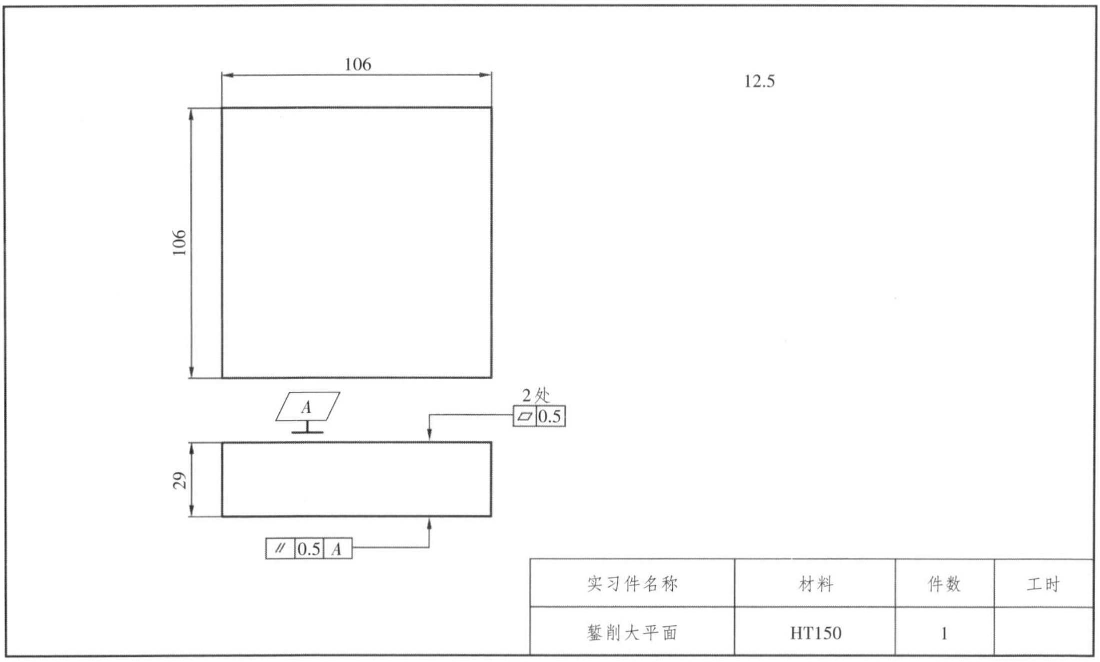

项目五　金属锉削

教学内容

锉削基本知识；

锉削基本技能。

实训课题Ⅰ：锉削正方形；

实训课题Ⅱ：锉削正方体1；

实训课题Ⅲ：锉削正方体2；

实训课题Ⅳ：锉削六方体；

实训课题Ⅴ：六方体的锉削与倒圆角。

扫码看微课

金属锉削

教学目标

【知识目标】

能说出锉削操作的要领；

能说出锉削质量的检测方法。

【能力目标】

会正确使用锉刀锉削零件；

能根据要求自行检测零件质量并记录。

【素养目标】

懂得锉削的安全操作规范；

有较强的质量意识与团队意识。

任务实施

任务一　锉削基本知识

锉削是指用锉刀对工件表面进行切削加工，使工件达到所规定的尺寸、形状和表面粗糙度的加工方法。锉削是钳工的三大基本功之一，是钳工的核心技能，锉削技能掌握的高低直接决定了钳工技能水平的高低。锉削在复杂形状零件的加工和模具制作方面具有较高的优势。对于一个优秀的钳工来讲，锉削更是一项重要的基本技能。平面锉削是锉削的基础技能，是练好曲面锉削的前提条件。

一、锉削及应用范围

锉削的应用范围：适用于内外平面、内外曲面、内外角、沟槽及各种复杂形状的表面。例如：对装配过程中的个别零件做最后修整；在维修工作中或在单件小批量生产条件下，对一些形状较复杂的零件进行加工；制作工具或模具；手工去毛刺、倒角、倒圆等。

二、锉刀

1. 锉刀的构造

锉刀的构成如图5-1-1所示。锉刀由锉刀面、锉刀边、锉刀舌、锉刀尾、木柄等部分组成。锉刀的大小用锉刀面的工作长度来表示。锉刀的锉齿可在剁锉机上剁出来或者用铣齿法铣出来，二者的刀齿角度不一样。锉刀常用碳素工具钢T10、T12制成，并经热处理淬硬到HRC62~HRC67。

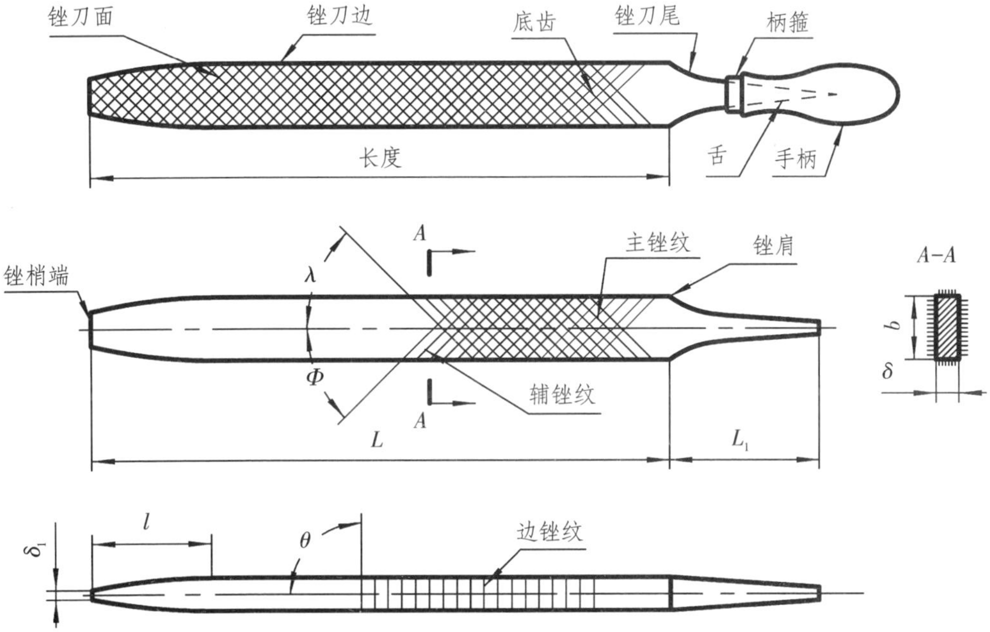

图5-1-1　锉刀的构造

2. 锉刀的类型

锉刀按用途不同主要分为普通锉刀（或称钳工锉刀）、异形锉刀（或称特种锉刀）和整形锉刀（或称什锦锉刀）三类，如图5-1-2所示。其中普通锉刀使用最多。

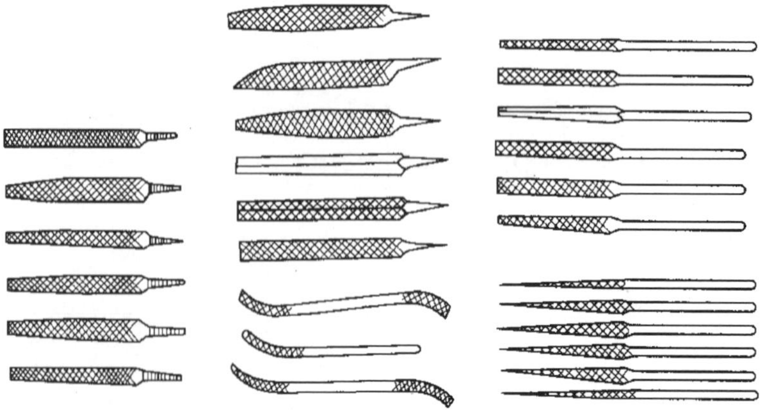

(a)普通锉刀　　(b)异形锉刀　　(c)整形锉刀

图5-1-2　锉刀的类型

(1)普通锉刀

按截面形状不同分为：平锉(扁锉)、方锉、圆锉、半圆锉和三角锉五种，如表5-1-1(a)；按其长度可分为：100 mm、150 mm、200 mm、250 mm、300 mm、350 mm和400 mm等；按其齿纹可分为：单齿纹、双齿纹(大多用双齿纹)。

按其齿纹疏密可分为：粗齿、中齿、细齿、粗油光(双细齿)、细油光五种。锉刀的粗细以每10 mm长的齿面上锉齿齿数来表示，粗锉为4~12齿，细齿为13~24齿，油光锉为30~36齿；或者用齿距来表示，Ⅰ粗齿锉刀：齿距为2.3~0.83 mm。Ⅱ中齿锉刀：齿距为0.77~0.42 mm。Ⅲ细齿锉刀：齿距为0.33~0.25 mm。Ⅳ粗油光锉刀：齿距为0.25~0.20 mm。Ⅴ细油光锉刀：齿距为0.20~0.16 mm。

(2)异形锉刀(特种锉刀)

异形锉刀是加工零件上特殊表面用的，它有直的、弯曲的两种，其截面形状很多，如表5-1-1(b)所示。

(3)整形锉刀(什锦锉刀)

整形锉刀主要用于精细加工及修整工件上难以机加工的细小部位。它由若干把各种截面形状的锉刀组成一套，如表5-1-1(c)所示。

表5-1-1　锉刀断面形状

	(a)普通锉刀断面形状
	(b)异形锉刀断面形状
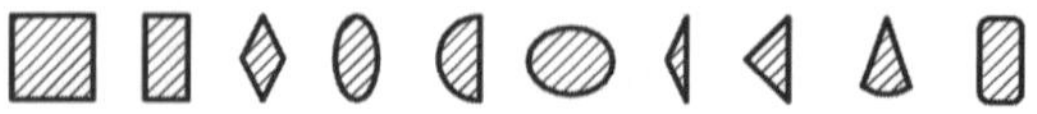	(c)整形锉刀断面形状

3. 锉刀的编号

根据国家标准相关规定，锉刀编号的组成顺序为：

类别代号—型式代号—规格—锉纹号

其中类别代号：Q—钳工锉；Y—异形锉；Z—整形锉

型式代号：01—齐头扁锉；02—尖头扁锉；03—半圆锉；04—三角锉；05—方锉；06—圆锉。

三、锉刀的选择方法

正确选择锉刀对保证加工质量、提高工作效率和延长锉刀使用寿命有很大的影响。选择锉刀的一般原则：一是根据工件形状和加工面的大小选择锉刀的形状和规格；二是根据加工材料软硬、加工余量、尺寸精度和表面粗糙度的要求选择锉刀的粗细。粗锉刀的齿距大，不易堵塞，适宜于粗加工（即加工余量大、精度等级和表面质量要求低）及铜、铝等软金属的锉削；细锉刀适宜于钢、铸铁以及表面质量要求高的工件的锉削；油光锉只用来修光已加工表面，锉刀愈细，锉出的工件表面愈光，但生产率愈低。主要应注意以下几点：

1. 锉刀齿的选择

锉刀齿的粗细要根据加工工件的余量大小、加工精度、材料性质来选择。粗齿锉刀适用于加工余量大、尺寸精度低、形位公差大、表面粗糙度数值大、材料软的工件；反之应选择细齿锉刀。各种粗细齿锉刀的加工范围请参见表5-1-2。使用时，要根据工件要求的加工余量、尺寸精度和表面粗糙度的大小来选择。

表5-1-2　锉刀齿的选择方法

类别	锉纹号	长度/mm									加工余量/mm	能达到的表面粗糙度值 Ra/μm
		100	125	150	200	250	300	350	400	450		
		每100 mm长度内主要锉条数										
粗齿锉	Ⅰ	14	12	11	10	9	8	7	6	5.5	0.5~1.0	12.5
中齿锉	Ⅱ	20	18	16	14	12	11	10	9	8	0.2~0.5	6.6~12.5
细齿锉	Ⅲ	28	25	22	20	18	16	14	14	—	0.1~1.2	3.2~6.3
粗油光锉	Ⅳ	40	36	32	28	25	22	20	—	—	0.05~0.1	6.3~3.2
细油光锉	Ⅴ	56	50	45	40	36	32	—	—	—	0.02~0.05	0.8~1.6

2. 选择锉刀的截面形状

根据工件表面的形状确定锉刀的截面形状。锉刀的断面形状应根据被锉削零件的形状来选择，使两者的形状相适应，如图5-1-3所示。锉削内圆弧面时，要选择半圆锉或圆锉（小直径的工件）；锉削内角表面时，要选择三角锉；锉削内直角表面时，可以选用扁锉或方锉。选用扁锉锉削内直角表面时，要注意使锉刀没有齿的窄面（光边）靠近内直角的一个面，以免碰伤该直角表面。

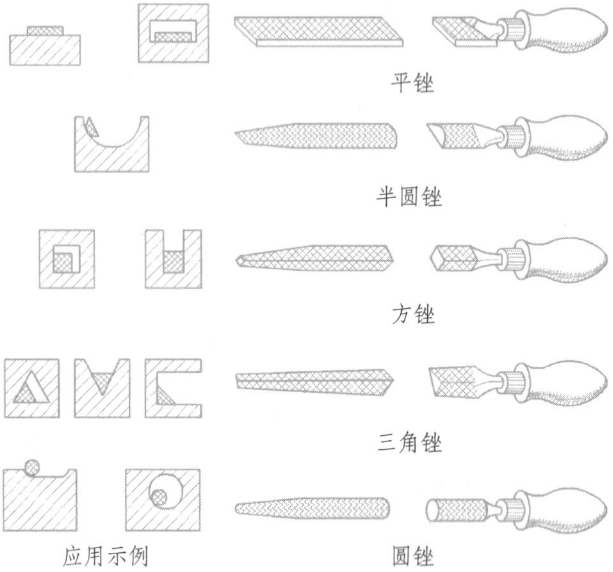

图5-1-3　不同截面的锉刀用法

3.选择单、双齿纹

锉刀齿纹要根据被锉削工件材料的性质来选用。锉削铝、铜、软钢等软材料工件时，最好选用单齿纹(铣齿)锉刀。单齿纹锉刀前角大，楔角小，容屑槽大，切屑不易堵塞，切削刃锋利，如图5-1-4所示。锉刀上有两个方向排列的齿纹称为双齿纹，如图5-1-5所示。浅的齿纹是底齿纹；深的齿纹是面齿纹。齿纹与锉刀中心线之间的夹角叫齿角。面齿角制成65°，底齿角制成45°，由于面齿角与底齿角不相同，许多锉齿沿锉刀中心线方向形成倾斜和有规律的排列。这样可使锉出的锉痕交错而不重叠，表面比较光滑，如图5-1-5(a)所示。如果面齿角与底齿角相同，则许多锉齿沿锉刀中心线平行地排列。锉出的表面就要产生沟纹，而得不到光滑的效果，如图5-1-5(b)所示。双齿纹锉刀由于锉削时切屑是碎断的，故锉削硬材料(如钢铁)时比较省力，应优先选用。

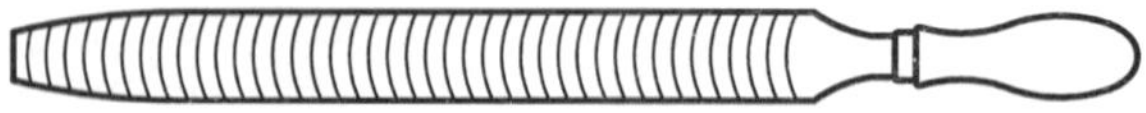

图5-1-4　单齿纹锉刀

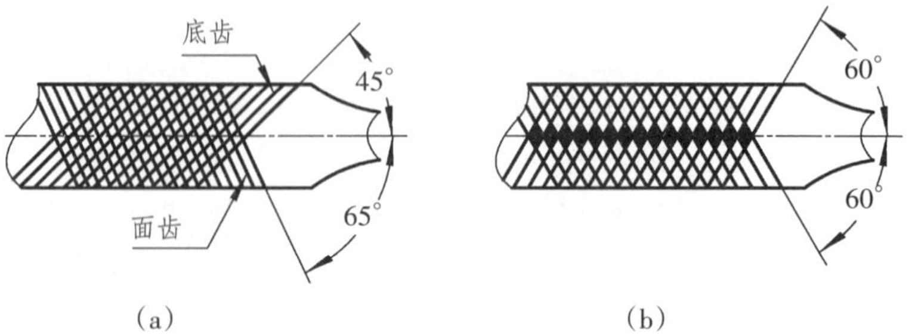

图5-1-5　双齿纹锉刀

4. 选择锉刀的尺寸规格

锉刀尺寸规格应根据被加工工件的尺寸和加工余量来选用。加工尺寸大、余量大时，要选用大尺寸规格的锉刀，反之要选用小尺寸规格的锉刀。

5. 钳工锉刀手柄的装拆方法（见表5-1-3）

表5-1-3　锉刀手柄的装拆

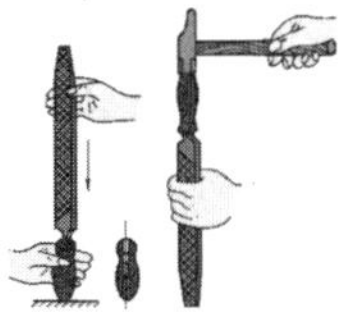	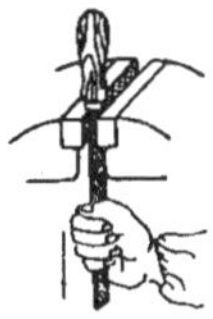	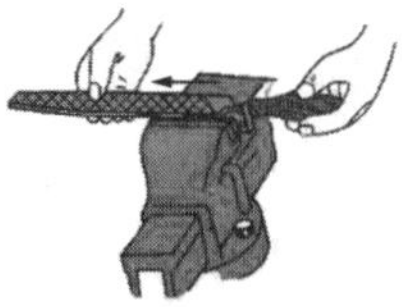
装方法	拆方法1	拆方法2

❋任务小结

1. 锉削的应用范围。
2. 锉刀的构造与类型。
3. 锉刀的选择方法。

任务二　锉削基本技能

一、锉削的技能要领

1. 锉刀的握法

锉刀的握法随锉刀规格和使用场合的不同而有所区别。正确握持锉刀有助于提高锉削质量。具体见表5-2-1。

(1)大锉刀的握法

右手心抵着锉刀木柄的端头,大拇指放在锉刀木柄的上面,其余四指弯在木柄的下面,配合大拇指捏住锉刀木柄,左手则根据锉刀的大小和用力的轻重,可有多种姿势。一般握法是将拇指的根部肌肉压在锉刀头上,拇指自然伸直,其余四指弯向手心,用中指、无名指捏住锉刀前端。右手推动锉刀并决定推动方向,左手协同右手使锉刀保持平衡。

(2)中锉刀的握法

右手握法大致和大锉刀握法相同,左手用大拇指和食指捏住锉刀的前端。

(3)小锉刀的握法

右手食指伸直,拇指放在锉刀木柄上面,食指靠在锉刀的刀边,左手几个手指压在锉刀中部。

(4)更小锉刀(整形锉刀)的握法

一般只用右手拿着锉刀,食指放在锉刀上面,拇指放在锉刀的左侧。

(5)异形锉刀的握法

右手与握小型锉刀的方法相同,左手轻压在右手手掌外侧,以压住锉刀,小指勾住锉刀,其余指抱住右手。

表5-2-1　锉刀握法

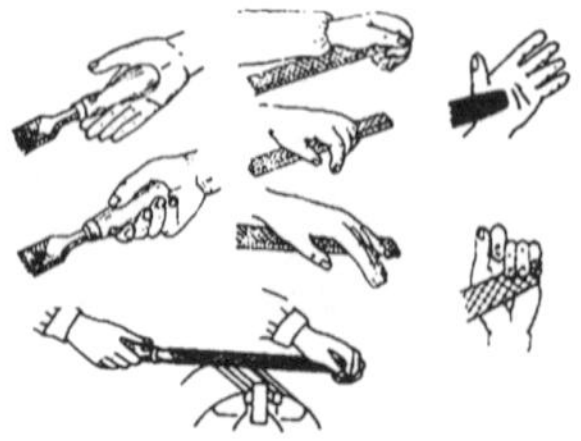	大锉刀的握法
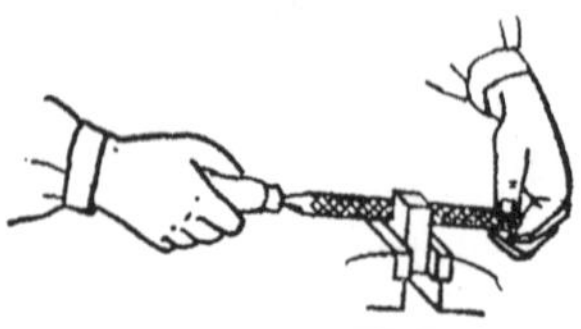	中锉刀的握法

续表

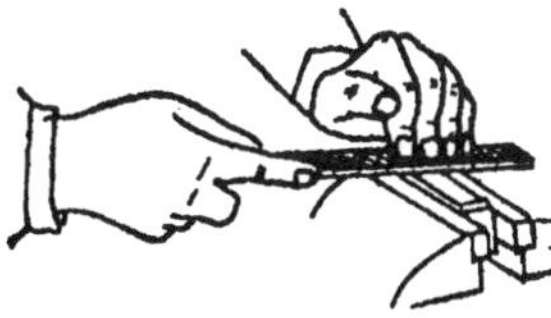	小锉刀的握法
	整形锉刀的握法
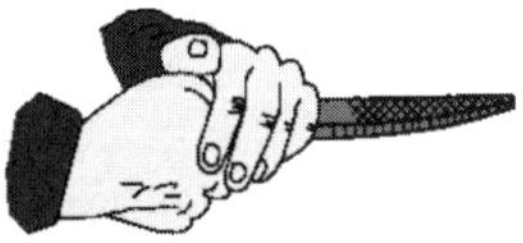	异形锉刀的握法

2.工件的装夹

工件的装夹是否正确,直接影响到锉削质量的高低。装夹工件应符合下列要求:

(1)工件尽量夹持在台虎钳钳口宽度方向的中间。锉削面靠近钳口,以防锉削时产生振动。

(2)装夹要稳固,但用力不可太大,以防工件变形。

(3)工件伸出钳口不要太多,以免锉削时工件产生振动。

(4)装夹已加工表面和精密工件时,应在台虎钳钳口衬上紫铜皮或铝皮等软的衬垫,以防夹坏表面。

(5)表面形状不规则的工件,夹持时要加衬垫。例如,夹圆形的工件时要衬以"V"形铁或弧形木块;夹较长的薄板工件时用两块较厚的铁板夹紧后,再一起夹入钳口。露出钳口要尽量少,以免锉削时抖动。

3.锉削姿势及动作过程(图5-2-1、表5-2-2)

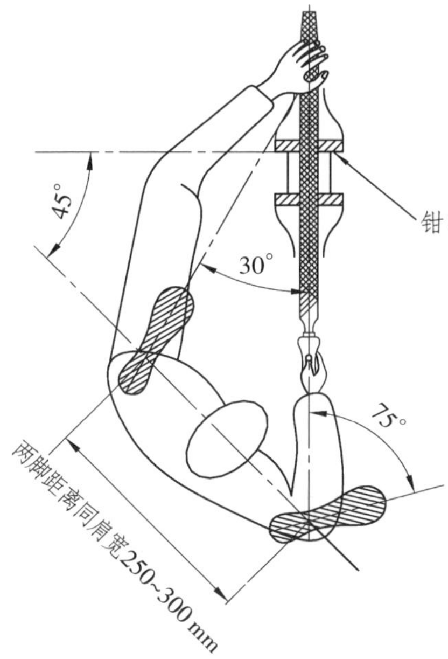

图5-2-1 锉削姿势

正确的锉削姿势能够减轻疲劳，提高锉削的质量和效率，人的站立姿势为：

（1）两脚立正面对虎钳，与虎钳的距离是胳膊的上下臂垂直（约为90°），端平锉刀，锉刀尖部能搭放在工件上，然后迈出左脚，右脚尖到左脚跟的距离约等于锉刀长度，左脚与虎钳中线形成约30°角，右脚与虎钳中线形成约75°角，身体与钳口呈45°角。双手端平锉刀，左腿弯曲，右腿伸直，身体重心落在左脚上，两脚要始终站稳不动，要保持锉刀的平直运动。

（2）推进锉刀时两手加在锉刀上的压力要保持锉刀平稳，不上下摆动；锉削时要有目标，不能盲目地锉，锉削过程中要用量具勤检查锉削表面，做到要锉的地方必须锉下铁屑。

（3）开始锉削时，身体向前倾斜约10°，左肘弯曲，右肘向后。锉刀推至1/3行程时，身体向前倾斜约15°，使左腿稍弯曲，左肘稍直，右臂前推。

（4）锉刀推至2/3行程时，身体逐渐倾斜到18°左右，使左腿继续弯曲，左肘渐直，右臂向前推进。锉刀将至满行程时，身体随着锉刀的反作用退回到约15°的位置。

（5）终止时，把锉刀略抬高，使身体和锉刀退回到开始时的姿势，完成一次锉削动作，如此反复锉削。锉削时，靠左膝的屈伸使身体做往复运动，手臂和身体的运动要相互配合，并要充分利用锉刀的有效全长。

表5-2-2　锉削姿势全过程

锉削动作				
锉削过程	开始锉削	锉刀推出1/3的行程	锉刀推出2/3的行程	锉刀推至行程终点时

锉削时，锉刀的平直运动是锉削的关键。锉削的力有水平推力和垂直压力两种。推动主要由右手控制，其大小必须大于锉削阻力才能锉去切屑，压力是由两个手控制的，其作用是使锉齿深入金属表面。锉削力矩的平衡如图5-2-2所示。

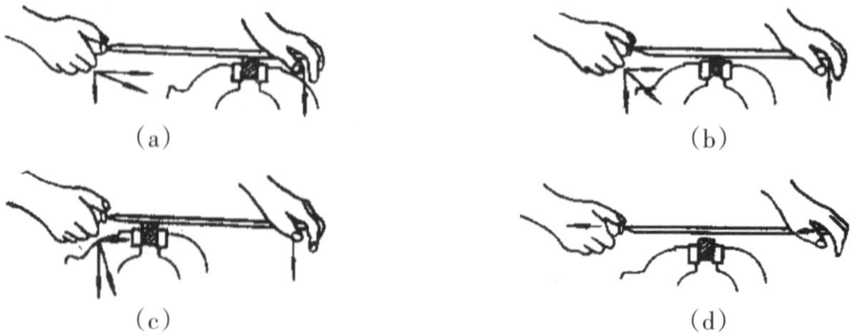

图5-2-2　锉削力矩的平衡

由于锉刀两端伸出工件的长度随时都在变化，因此两手压力大小必须随着变化，使两手的压力对工件的力矩相等，这是保证锉刀平直运动的关键。锉刀运动不平直，工件中间就会凸起或产生鼓形面。锉刀压力大小变化过程，见表5-2-3。

表 5-2-3 锉刀压力大小变化过程

开始位置	中间位置	终点位置
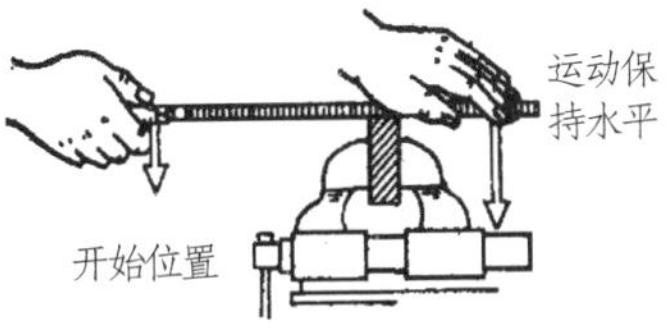	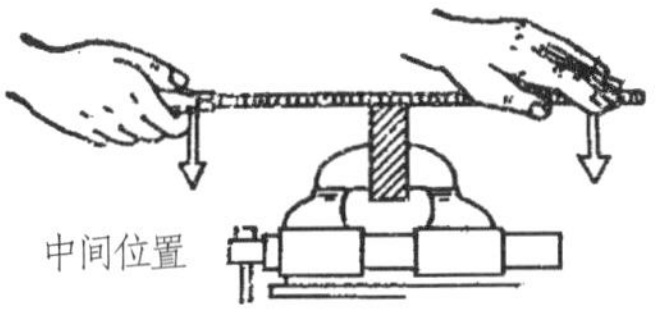	

锉削速度一般为每分钟30~60次（一般为40次/min）。太快，操作者容易疲劳，且锉齿易磨钝；太慢，切削效率低。

4.锉削口诀

左腿弯曲右腿蹬，身体微微向前倾；

加压推锉平又稳，身臂回锉同步行；

回程收锉莫用力，侧查锉面同修正；

锉削要领掌握好，再锉如述反复行。

【小提示】

1.锉削时要注意通过两手压力的变化来达到力矩的平衡以使锉刀平行运动。

2.锉削既是技能的训练，又是意志力的磨砺，关键是以正确的动作和姿势去训练，否则会造成“耗尽九州铁，铸成一把锉(错)”的后果。

3.技能是功夫的体现，而锉削功夫就是力的巧妙运用。

二、平面的锉削

1.平面锉削方法

平面锉削是最基本的锉削，常用三种方式锉削（表5-2-4）：

（1）顺向锉法

锉刀沿着工件表面横向或纵向移动，锉削平面可得到整齐一致的锉痕，比较美观。适用于工件锉光、锉平或锉顺锉纹。

（2）交叉锉法

交叉锉法是以交叉的两个方向有序地对工件进行锉削。由于锉痕是交叉的，容易判断锉削表面的不平程度，因此也容易把表面锉平，交叉锉法去屑较快，适用于平面的粗锉。

（3）推锉法

两手对称地握着锉刀，用两大拇指推锉刀进行锉削。这种方式适用于表面较窄且已锉平、加工余量较小的情况，以修正和减少表面粗糙度。

表5-2-4　平面的三种锉削方式

<table>
<tr>
<td>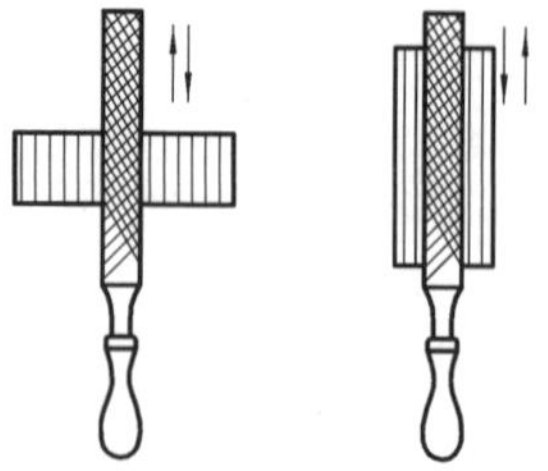</td>
<td>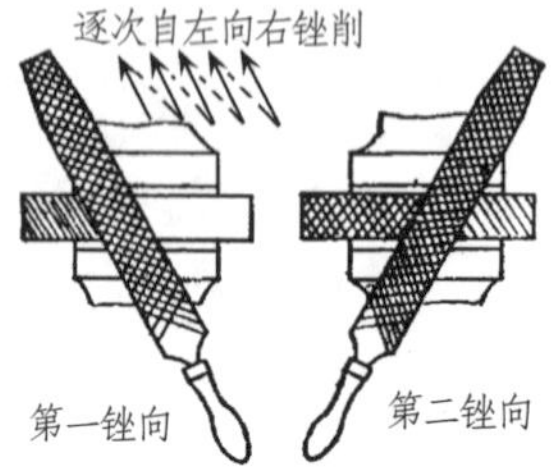
</td>
<td>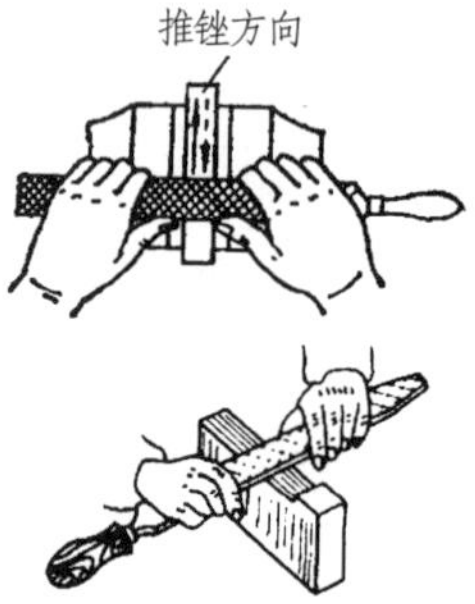
</td>
</tr>
<tr>
<td>顺向锉</td>
<td>交叉锉</td>
<td>推锉</td>
</tr>
</table>

2. 锉刀的运动方法

对于加工比较宽大的平面，锉削时，锉刀要逐渐平移，具体方法如图5-2-3所示。

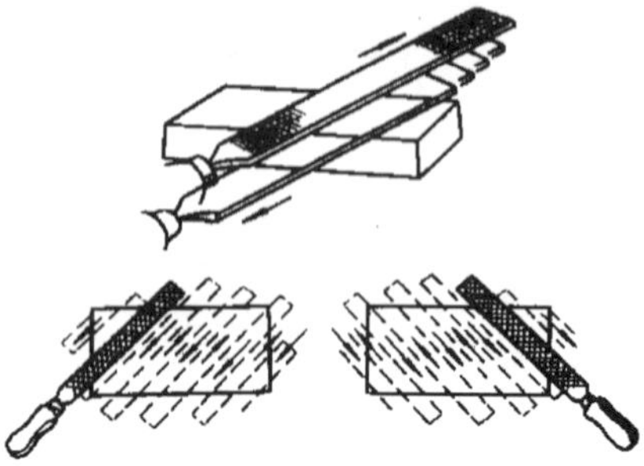

图5-2-3　锉刀的运动方法

3. 锉削平面质量的检查

(1)检查平面的直线度和平面度用钢尺和直角尺以透光法来检查，要多检查几个部位并进行对角线检查。或者以刀口形直尺(或者配合塞尺)检查。

①角尺检查，如图5-2-4所示。

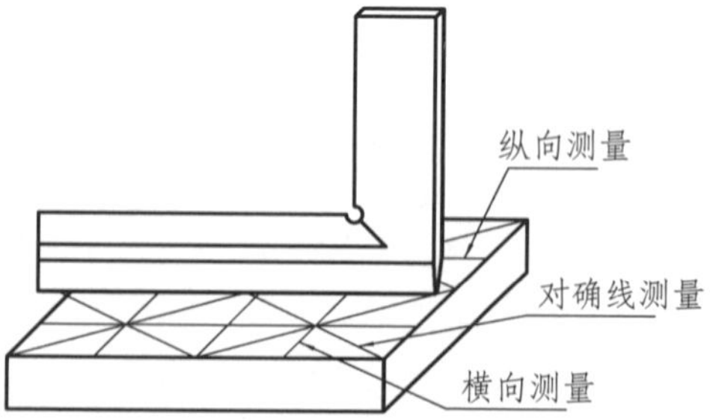

图5-2-4　角尺检查平面度

②刀口形直尺检查，如图 5-2-5 所示。

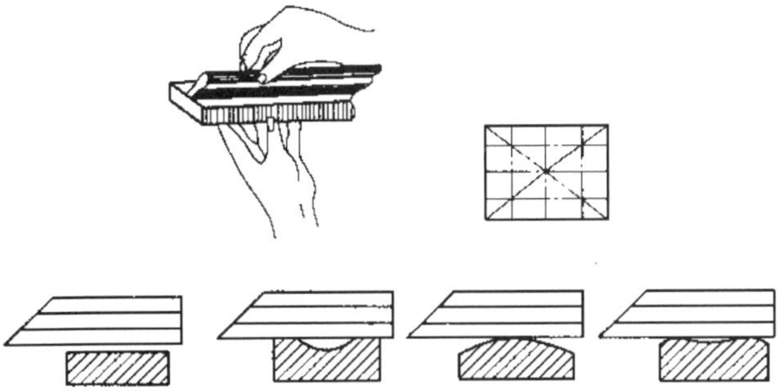

图5-2-5　锉削平面度检查方法（透光法）

③用塞尺检查（又称厚薄尺检查），如图 5-2-6 所示。

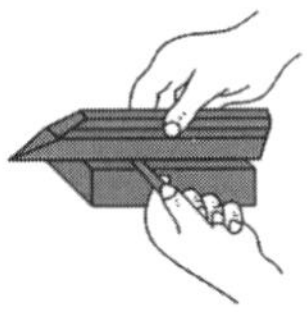

图5-2-6　用塞尺测量平面度误差值

注意：

①刀口尺要垂直放在工件表面检测，视线与加工平面平齐。

②在加工面的纵向、横向、对角方向多处逐一进行。

③观察刀口与加工面之间的透光情况。如果透光微弱而均匀，说明该方向是直的，如果透光强弱不一，说明该方向是不直的。记住不直的部位，便于下一次的锉削。

④改变检测位置时，刀口尺不能在平面上拖动，应提起后再轻放到另一检查位置。否则会加剧刃口磨损而降低精度。

⑤检测完毕，记住需锉部位，进行下一次锉削。

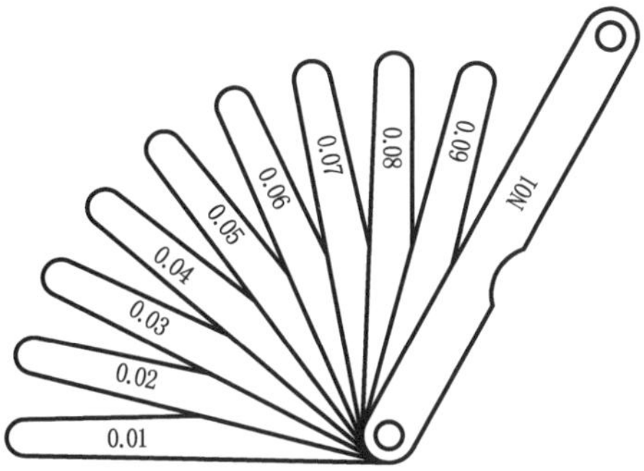

图5-2-7　塞尺

塞尺是用其厚度来测量间隙大小的薄片量尺，如图 5-2-7 所示。它是一组厚度不等的薄钢片。塞尺钢片的厚度一般为 0.02~1 mm，印在每片钢片上。使用时根据被测间隙的大小选择厚度接近的钢片（可以用几片组合）插入被测间隙。能塞入钢片的最大厚度即为被测间隙值。使用塞尺时必须先擦净尺面和工件，组合成某一厚度时选用的片数越少越好。另外，塞尺插入间隙不能用力太大，以免折弯尺片。

三、垂直面的锉削

1. 锉好基准面

先需锉削好长方体的一个基准面(一般是较大的表面),达到平面度要求后,再结合划线,依次进行相邻表面锉削加工,并随时做好角尺检查。

2. 检查垂直度

用直角尺采用透光法检查,检查前先将工件的锐边倒棱,再将角尺尺座基面贴紧工件基准面,然后从上到下轻轻移动,使角尺刀口与被测量表面接触,根据透光情况对其面进行检查。检查时,角尺不可倾斜,否则,测量不会准确。同时,在同一平面上测量不同的位置时,角尺不可拖动,以免造成角尺磨损。如图5-2-8和图5-2-9所示。

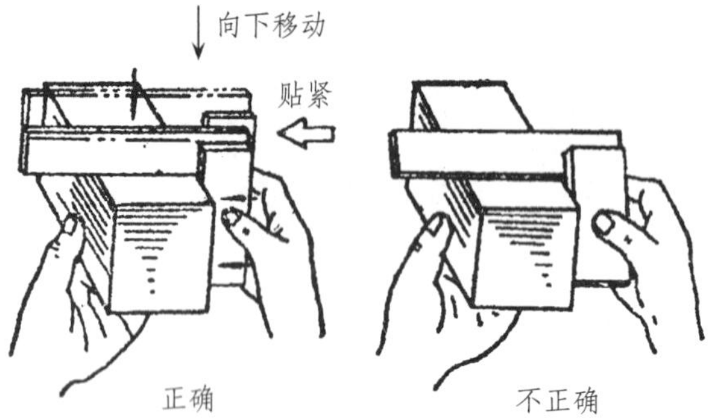

图5-2-8　垂直度检查方法

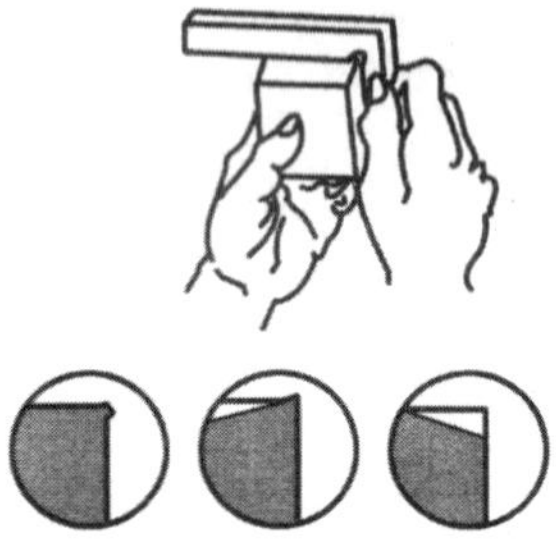
图5-2-9　垂直度质量好坏判断

四、平行面的锉削

1. 加工一组垂直面

加工出一组合格的垂直面后,就可以粗精加工基准面的对面,可先用划线高度尺划线,先粗加工,预留0.15 mm左右的精加工余量,再用细齿锉刀加工至尺寸公差要求。锉削加工时注意基准面的保护,最好垫上软钳口,以免基准面精度下降影响后续表面的加工质量。

2. 检查尺寸

锉削加工的同时,根据尺寸精度用钢尺、游标卡尺或千分尺测量尺寸精度。注意在不同位置上多测量几次。

五、检查表面粗糙度

一般用眼睛观察即可,也可用表面粗糙度样板进行对照检查。

六、锉削安全文明操作规程

(1)不使用无柄或裂柄锉刀锉削工件,锉刀柄应装紧,以防手柄脱出后,锉舌把手刺伤。

(2)放置锉刀时不能将其一端(或者手柄)露出钳台外面,以防锉刀跌落而把脚扎伤或者将锉刀摔断。

(3)锉削时,不可用手触摸被锉过的工件表面,因手有油污会使锉削时锉刀打滑,而造成事故。

(4)为防止锉刀过快磨损,对毛坯件上的硬皮或粘砂、锻件上的飞边或毛刺以及淬硬的工件表面等,应先用砂轮磨去或者其他工具加工,无法用砂轮机或其他工具时可用锉梢前端、边齿加工,然后再锉削。

(5)不能用锉刀作为装拆、敲击和撬物的工具,防止因锉刀材质较脆而折断。用整形锉和小锉刀时,用力不能太大,防止锉刀折断和手部受伤。

(6)锉刀一般是右手工具,应放在台虎钳右边,不能把锉刀与锉刀叠放或锉刀与量具叠放。

(7)锉刀不可以沾油,沾油后的锉刀在工作时易打滑将手或身体碰伤。

(8)锉削时,锉刀手柄不可撞击工件,以免脱柄造成事故。

(9)锉削时,有铁屑嵌入齿缝内,不可用嘴吹铁屑,以防飞入眼内;也不可用手去清除铁屑,须及时用钢丝刷沿锉刀刀齿纹路进行清除,锉刀使用完毕也须将铁屑清除干净。如图5-2-10所示。

(10)锉削时,要充分使用锉刀的有效工作面(有效全长),避免局部磨损。

(11)锉削时,应先用锉刀的同一面,待这个面用钝后再用另一面。因为使用过的锉齿易锈蚀。

(a)　　(b)

图5-2-10　铁屑清除方法

✲任务小结

1.锉削的技能要领。

2.平面、垂直面、平行面的锉削。

3.检查表面粗糙度。

4.锉削安全文明操作规程。

实训课题Ⅰ：锉削正方形

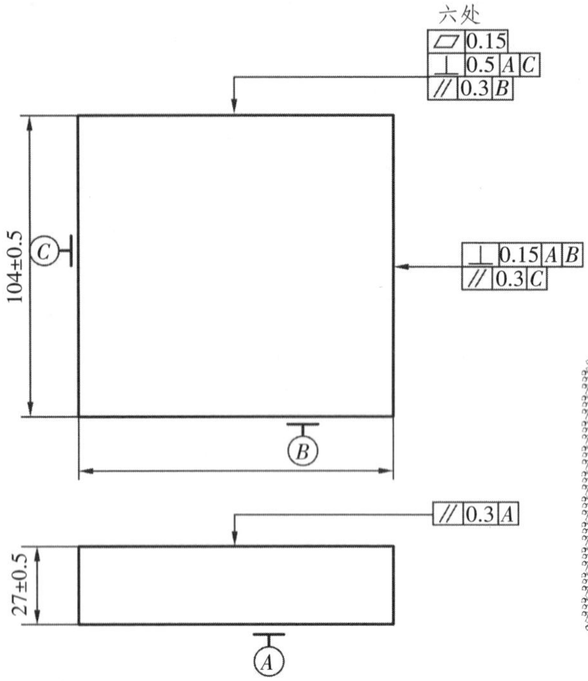

图5-2-11　锉削正方形加工零件图

扫码看微课

锉削正方形

一、操作技术要点

掌握平行面、垂直面锉削的方法，要求锉削姿势正确和掌握直角尺的使用方法。

二、刀具、量具、和辅助工具

锉刀、游标卡尺、直角尺、塞尺、平板等。

三、操作步骤

(1)锉削基准A，达到平面度要求。

(2)锉A面对应面，以A为基准，在相距27 mm处划出平面加工线，锉削达到平面度、平行度和尺寸公差要求。

(3)锉削基准面B，达到平面度、垂直度要求。

(4)锉B面对应面，以B面为基准，在相距104 mm处划出平面加工线，锉削达到平面度、垂直度、平行度要求。

(5)锉削基准面C，达到平面度、垂直度要求。

(6)锉C面对应面，以C面为基准，在相距104 mm处划出平面加工线，锉削达到平面度、垂直度、平行度和尺寸公差要求。

(7)全部尺寸的复检，并做必要的修整，去毛刺。

四、安全文明生产的注意事项

(1)锉刀柄安装牢固，锉刀放置位置正确合理；

(2)锉屑不准用嘴吹，要用毛刷刷干净；

(3)锉平面采用交叉锉，最后必须顺向锉，锉纹顺向一致，整齐美观，表面粗糙度达到 *Ra*12.5。

五、评分标准

序号	质量检查内容	配分	评分标准	检测记录	得分
1	尺寸27±0.5	20分	超差扣20分		
2	尺寸104±0.5	20分	一处超差扣10分		
3	垂直度0.15	16分	一处超差扣2分		
4	平行度0.3	15分	一处超差扣5分		
5	平面度0.15	18分	一处超差扣3分		
6	*Ra*12.5	6分	一处超差扣1分		
7	锉削姿势正确	5分	按正确程度给分		
8	安全文明生产	只扣分	违章扣5~10分		

六、任务图

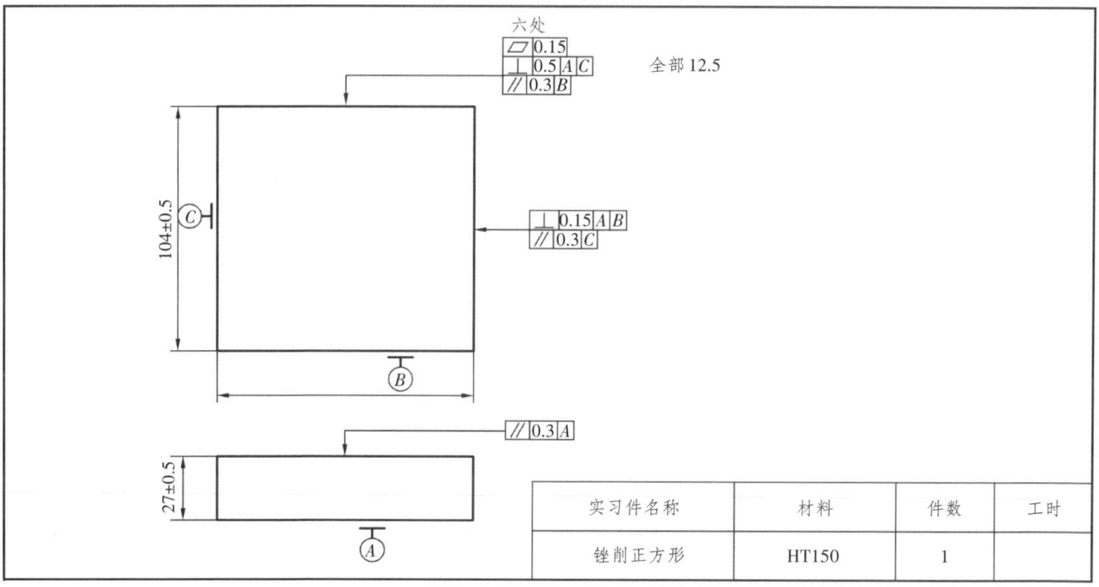

实训课题Ⅱ：锉削正方体Ⅰ

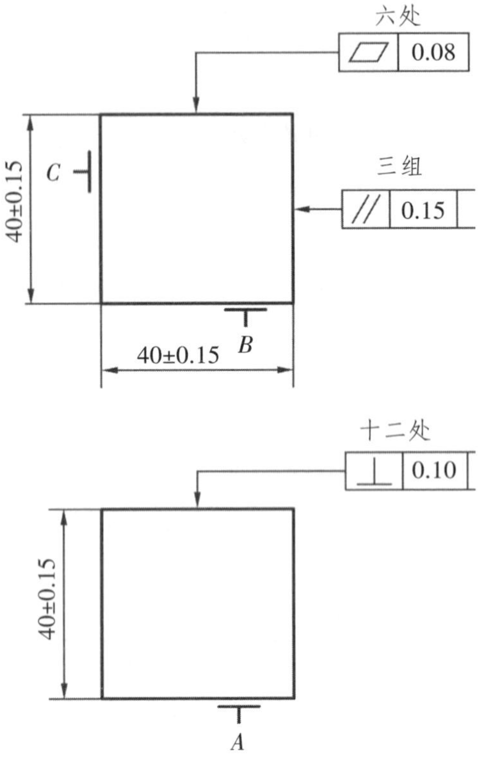

图5-2-12　锉削正方体Ⅰ零件图

扫码看微课

锉削正方体

一、操作技术要点

(1)掌握正方体的锉削技能和测量方法。

(2)要求挫削操作姿势正确、熟练。

二、刀具、量具、和辅助工具

锉刀、游标卡尺、角尺、塞尺、平板、高度游标卡尺等。

三、操作步骤

(1)锉削*A*面，以*A*面为基准，划出对应面的加工线，锉削并达到平面度、平行度和尺寸公差要求。

(2)以*A*面为基准，锉削*B*面并达到垂直度、平面度要求。

(3)以*B*面为基准，划出对应面的加工线，锯割，锉削并达到平面度、平行度和尺寸公差要求。

(4)以A和B面为基准，划出垂直基准面C的加工线，锉C面并达到垂直度、平面度要求。

(5)以C面为基准，锯锉对应面并达到尺寸和形位公差要求。

(6)工件表面粗糙度$Ra12.5$。三个基准面相互垂直，垂直度达到0.1，去毛刺，自检。

四、评分标准

序号	质量检查内容	配分	评分标准	检测记录	得分
1	尺寸40±0.15	24分	一处超差扣8分		
2	垂直度0.1	24分	一处超差扣2分		
3	平行度0.15	15分	一处超差扣5分		
4	平面度0.08	18分	一处超差扣3分		
5	$Ra12.5$	13分	一处超差扣2分		
6	锉削姿势正确	6分	按正确程度给分		
7	安全文明生产	只扣分	违章扣5~10分		

五、任务图

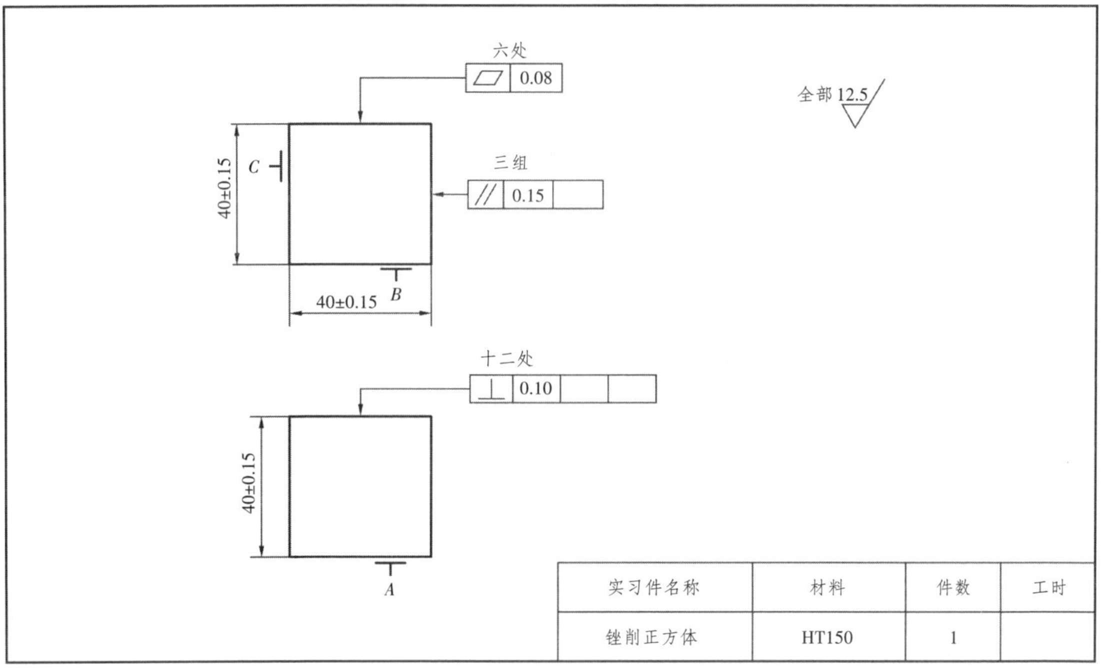

实训课题Ⅲ：锉削正方体Ⅱ

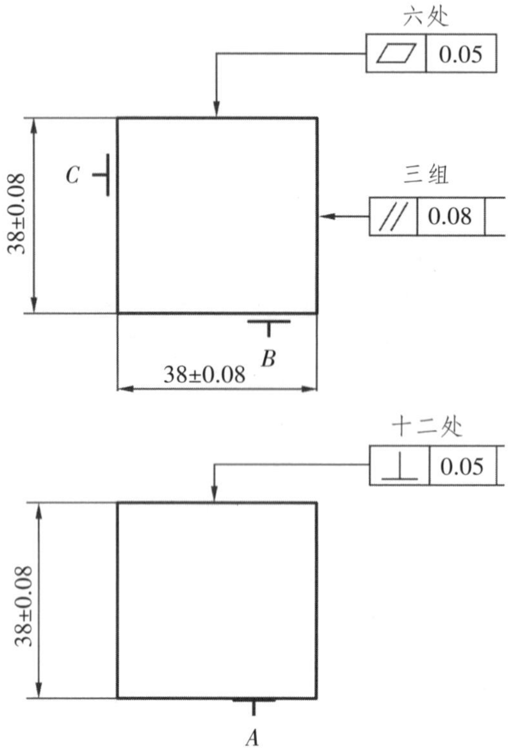

图5-2-13　锉削正方体Ⅱ零件图

一、操作技术要点

熟练掌握锉削技能，提高锉削精度。

二、刀具、量具、和辅助工具

锉刀、游标卡尺、角尺、塞尺、平板、高度游标卡尺等。

三、操作步骤

（1）锉削基准面*A*，达到平面度、表面粗糙度要求。

（2）锉*A*面对应面，达到平面度、平行度、尺寸公差要求。

（3）锉削*B*面并与*A*面垂直，达到平面度、垂直度要求。

（4）锉削*B*面对应面，达到平面度、平行度、尺寸公差要求。

（5）锉削*C*面，达到平面度、垂直度要求。

（6）锉削*C*面对应面，达到平面度、平行度、尺寸公差要求。

（7）复检，并做必要的修整，去毛刺。

四、评分标准

序号	质量检查内容	配分	评分标准	检测记录	得分
1	尺寸38±0.08	30分	一处超差扣10分		
2	垂直度0.05	24分	一处超差扣2分		
3	平行度0.08	15分	一处超差扣5分		
4	平面度0.05	18分	一处超差扣3分		
5	*Ra*6.3	13分	一处超差扣2分		
6	安全文明生产	只扣分	违章扣5~10分		

五、任务图

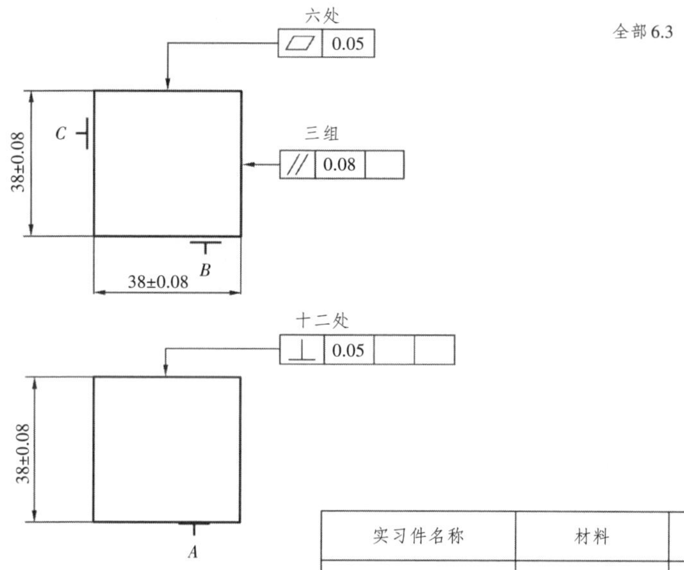

实习件名称	材料	件数	工时
锉削正方体	HT150	1	

实训课题Ⅳ：锉削六方体

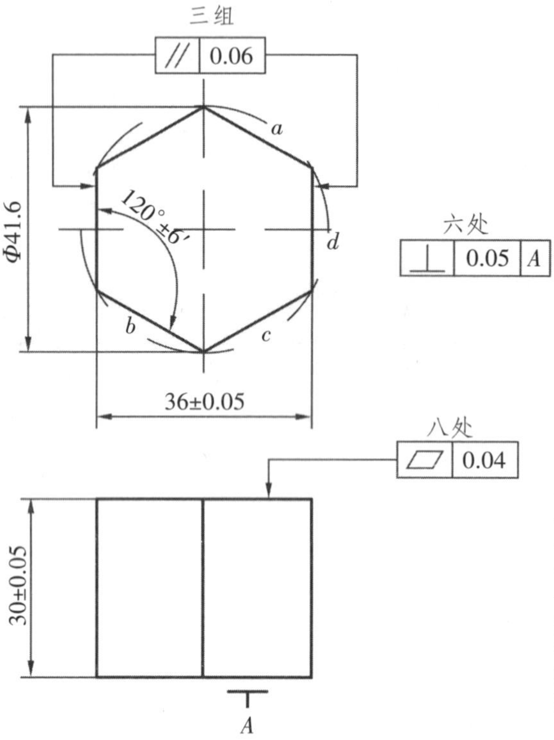

扫码看微课

锉削六方体

图5-2-14　锉削六方体的加工零件图

一、操作技术要点

熟练掌握挫削技能，提高锉削精度。

二、刀具、量具、和辅助工具

锉刀、游标卡尺、角尺、塞尺、平板、120°角度样板、高度游标卡尺等。

三、操作步骤

1. 锉削基准面 A，划对应面加工线，锉削达到尺寸公差要求。
2. 以 A 面为基准，锉六角体 a 面，达到垂直度、平面度要求。
3. 以 a 面为基准，划对应面 b 的加工线，锉削达到图样要求。
4. 分别以 a，b 二面为基准，划中心线、角度线和 c，d 二面的加工线，锉削 c，d 二面达到二边长基本相等，平面度、垂直度、角度符合图样要求。
5. 分别以 c，d 二面，划对应面的加工线，锉削达到各项形位公差和尺寸公差要求。
6. 去毛刺，精度复检。

四、评分标准

序号	质量检查内容	配分	评分标准	检测记录	得分
1	尺寸30	7分	超差扣7分		
2	尺寸36	30分	一处超差扣10分		
3	垂直度0.05	12分	一处超差扣2分		
4	平行度0.06	15分	一处超差扣5分		
5	平面度0.04	16分	一处超差扣2分		
6	120°	12分	一处超差扣2分		
7	*Ra*6.3	8分	一处超差扣1分		
8	安全文明生产	只扣分	违章扣5~10分		

五、任务图

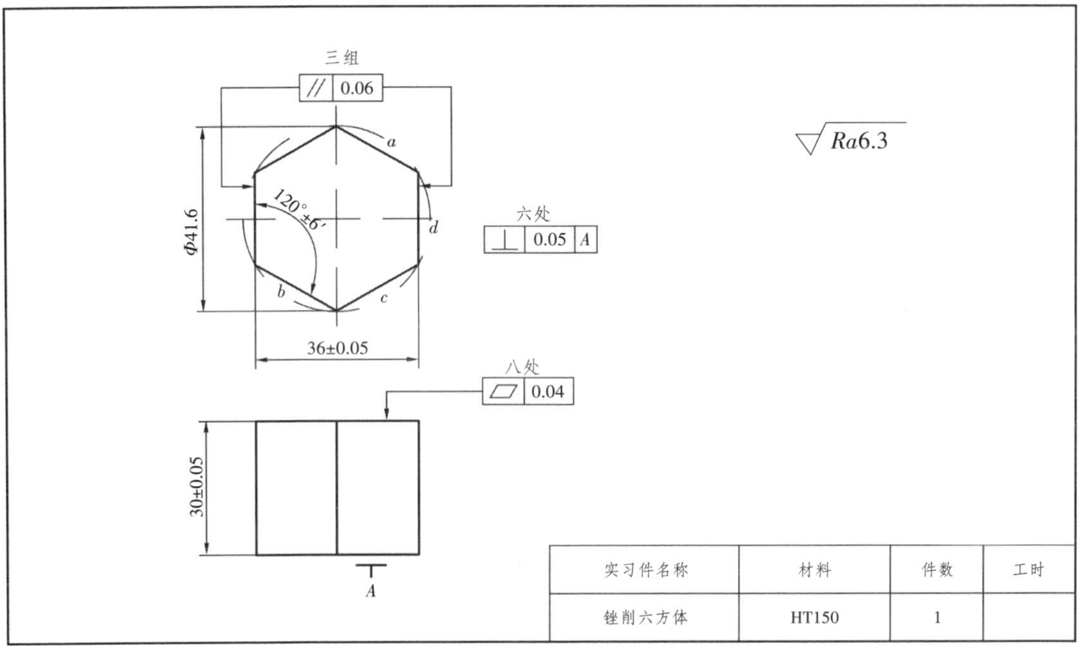

实习件名称	材料	件数	工时
锉削六方体	HT150	1	

实训课题Ⅴ：六方体的锉削与倒圆角

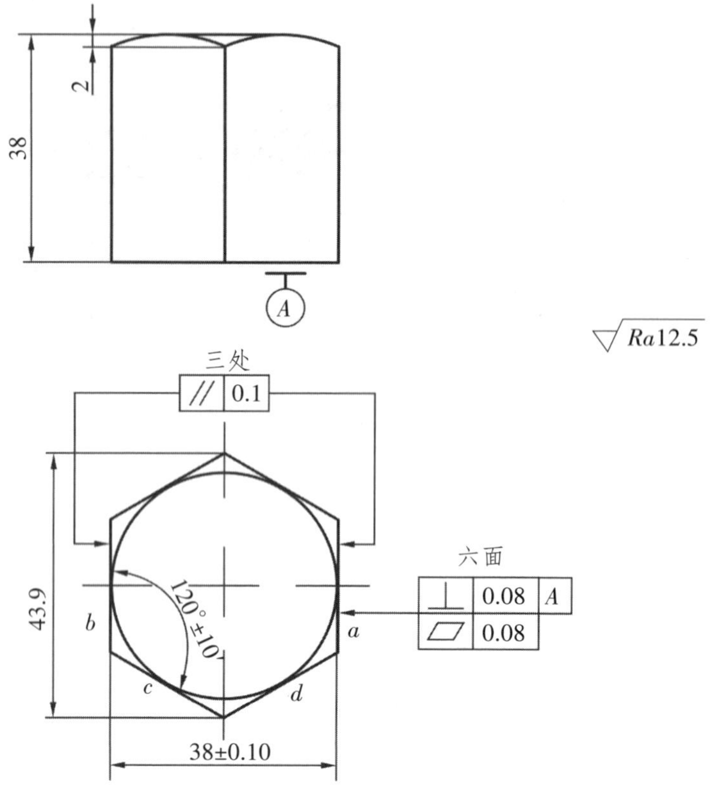

图5-2-15　六方体的锉削与倒圆角零件加工图

一、操作技术要点

掌握正确的六角挫削与曲面锉削的技能，量具的使用和保养。

二、刀具、量具、和辅助工具

锉刀、游标卡尺、千分尺、角尺、塞尺、120°样板、高度游标卡尺等。

三、操作步骤

(1)检查用料余量，修整基准面A。

(2)锉a面并达到平面度、垂直度、表面粗糙度要求。

(3)锉b面并达到平面度、垂直度、表面粗糙度和尺寸公差要求。

(4)锉c面并达到平面度、角度、表面粗糙度要求。

(5)锉d面并达到平面度、角度、表面粗糙度要求，c面和d面边长要求基本相等。

(6)分别锉c,d面对应面并达到平面度、平行度、尺寸公差要求。

(7)自检，修整。

四、评分标准

序号	质量检查内容	配分	评分标准	检测记录	得分
1	尺寸38±0.1	30分	一处超差扣10分		
2	平面度0.08 垂直度0.08	24分	一处超差扣4分		
3	平行度0.1	15分	一处超差扣5分		
4	120°±10′	12分	一处超差扣2分		
5	*Ra*12.5	9分	一处超差扣1.5分		
6	倒圆角尺寸准确、美观	10分	按正确、美观程度给分		
7	姿势正确	只扣分	姿势不正确扣5~10分		
8	安全文明生产	只扣分	违章扣5~10分		

五、任务图

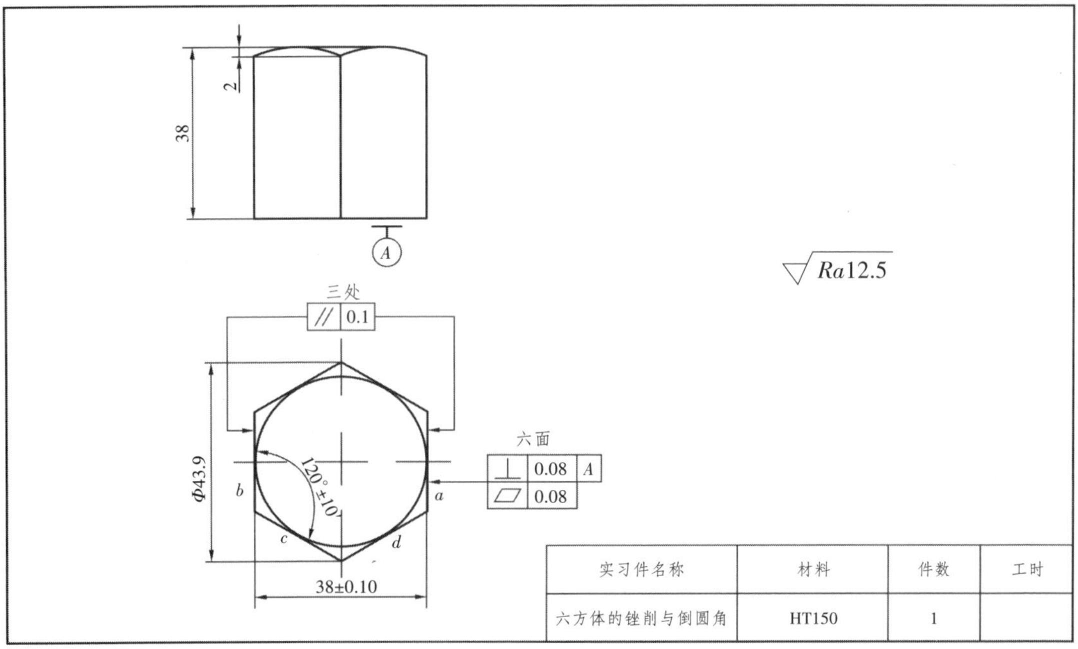

项目六　金属钻削

教学内容

钻削基本知识；

钻削基本技能。

实训课题Ⅰ：孔加工练习Ⅰ；

实训课题Ⅱ：孔加工练习Ⅱ；

实训课题Ⅲ：孔加工练习Ⅲ。

教学目标

【知识目标】

能讲出钻头的刃磨口诀；

能讲出各种孔加工的方法与注意事项。

【能力目标】

能正确刃磨出标准麻花钻；

能根据要求完成各种孔的加工并确保质量。

【素养目标】

懂得钻削的安全操作规范；

有较强的质量意识与团队意识。

任务实施

任务一　钻削基本知识

各种零件的孔加工，除一部分由普通车床、镗床、铣床、数控铣床、加工中心等完成外，另一部分则是由钳工利用钻床和钻孔工具（钻头、扩孔钻、锪孔钻、铰刀等）完成的。钳工加工孔的方法一般指钻孔、扩孔和铰孔。用钻头在实体材料上加工出孔的方法叫钻孔。在钻床上钻孔时，一般情况下，钻头应同时完成两个运动：主运动，即钻头绕轴线的旋转运动（切削运动）；辅助运动，即钻头沿着轴线方向对着工件的直线运动（进给运动）。钻孔时，由于钻头结构上的缺点，加工精度只能达到IT14–11级，表面粗糙度为 Ra50~12.5 μm，属于粗加工。钻削加工，如图6–1–1所示。

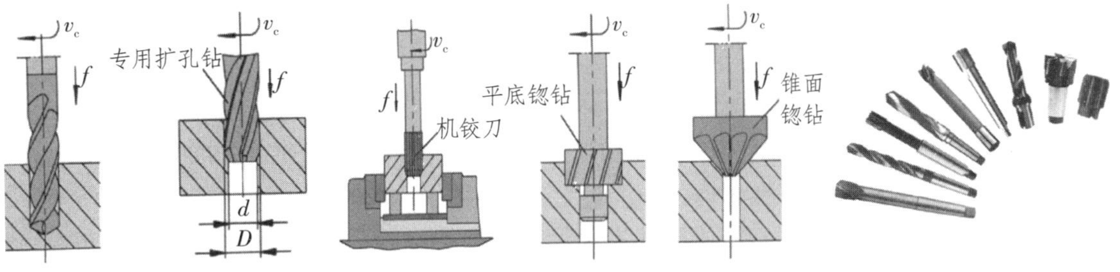

图6-1-1　钻削加工

一、钻床

常用的钻床有台式钻床、立式钻床和摇臂钻床三种常用机床，手电钻也是常用的钻孔工具。

1.台式钻床

简称台钻，是一种在工作台上作业的小型钻床，其钻孔直径一般在12 mm以下。由于加工的孔径较小，故台钻的主轴转速一般较高。主轴的转速可用改变三角胶带在带轮上的位置来调节。台钻的主轴进给由进给手柄实现。在进行钻孔前，需根据工件高低调整好工作台与主轴架间的距离，并锁紧固定。台钻小巧灵活，使用方便，结构简单，主要用于加工小型工件上的各种小孔。它在仪表制造、钳工和装配中用得较多。

图6-1-2为Z512型台钻的外形图。该钻床传动部分由电动机及一组五级塔轮传给主轴，通过三角皮带的连结进行变速。钻床上装有电器转换开关。能使钻床正转、反转、停止。钻孔时的走刀量靠扳动进给手柄进行(加工时注意观察进刀刻度尺以控制钻削深度)。钻床头架的升降调整：松开紧固手柄，摇动升降手柄使螺母旋转，由于丝杆架固定，螺母便带动头架进行升降。调整到适应工件的钻孔高度后，再固紧手柄。

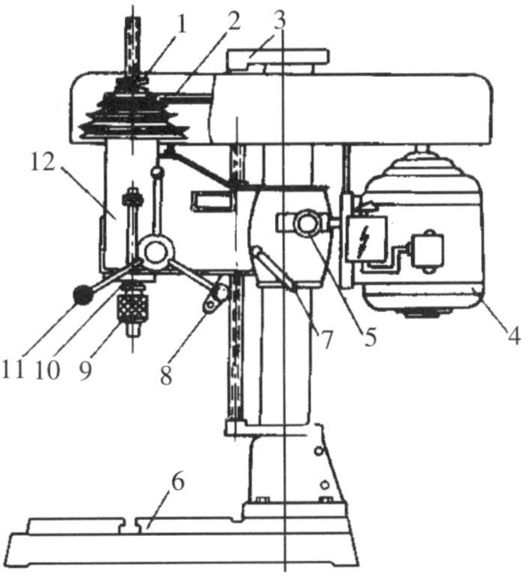

1-塔轮；2-三角胶带；3-丝杆架；4-电动机；5-滚花螺钉；6-工作台；7-紧固手柄；8-升降手柄；9-钻夹头；10-主轴；11-走刀手柄；12-头架

图6-1-2　Z512型台钻

扫码看微课

孔加工

2.立式钻床

立式钻床简称立钻。这类钻床的规格用最大钻孔直径表示，其最大钻孔直径有25 mm、35 mm、40 mm、50 mm等几种。立钻刚性好、功率大，因而允许钻削较大的孔，生产率较高，加工精度也较高。立式钻床主轴的转速和走刀量变化范围大，可以适应不同材料的刀具及钻孔、扩孔、铰孔、锪孔、攻丝等各种不同的加工需要。如图6-1-3所示。

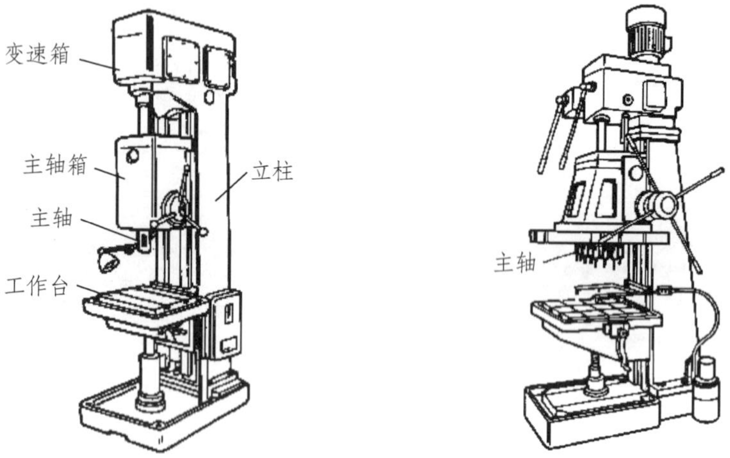

(a)立式台转　　(b)多轴立式钻床

图6-1-3　立式钻床

3.摇臂钻床

摇臂钻床主要由底座、立柱、摇臂、主轴箱、工作台等部分组成。主轴箱能在摇臂上移动，摇臂能绕立柱回转360°并沿着主柱上下移动，使摇臂钻床能灵活调整刀具的位置，以对准被加工孔的中心，不需移动工件便能进行很大范围的钻孔。工件可以固定在工作台上或直接固定在底座上。当主轴箱调整到需要的位置后，摇臂和主轴箱可分别由夹紧机构锁紧，以防止刀具在切削时走动和产生振动。摇臂钻床的主轴转速范围和走刀量范围很广，可用于钻孔、扩孔、锪孔、铰孔、镗孔、攻丝等各种工作，适用于一些笨重的大工件以及多孔工件的加工。摇臂钻床，如图6-1-4所示。

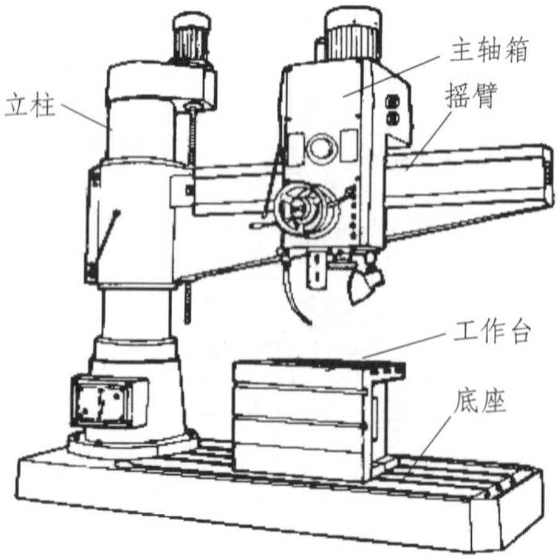

图6-1-4　摇臂钻床

4. 电钻

电钻是一种手持的钻孔工具。适用于大的工件或在工件的某些特殊位置上钻孔。常用的电钻有手枪式和手提式两种形式，如图6-1-5、图6-1-6所示。

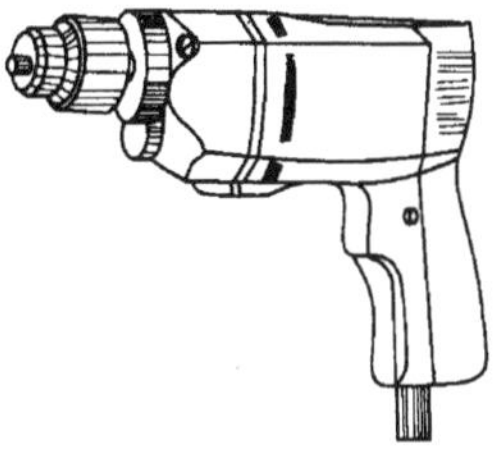

图6-1-5 手枪式电钻

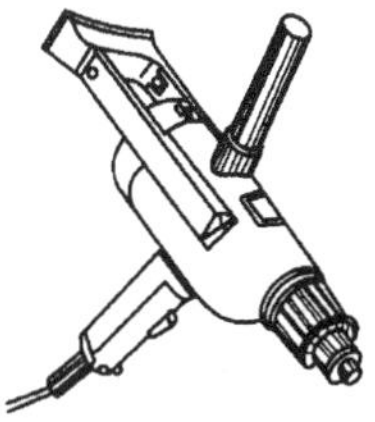

图6-1-6 手提式电钻

(1)电钻的构造

电钻的电源电压一般有220 V和36 V两种。其尺寸规格有6 mm、10 mm、13 mm等几种。电钻是操作人员直接握持操作的，保证电气安全极为重要。220 V的电钻操作时一般均需采取相应的安全措施，而36 V的电钻又需供应低压电源，因此目前多采用一种双重绝缘结构的电钻。采用这种电钻(工作电压为220 V)操作时就不必另加安全措施。图6-1-7便是双重绝缘电钻的构造。

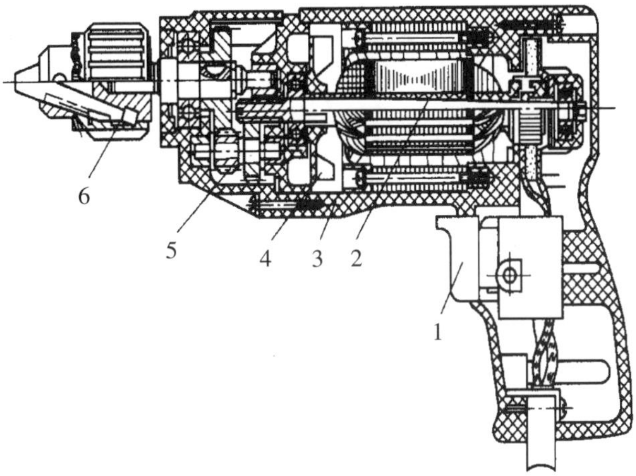

1-开关；2-绝缘转子；3-绝缘机壳；4-风叶；5-减速箱；6-钻夹头

图6-1-7 绝缘电钻的构造

(2)电钻的正确维护和安全使用

①对电钻的塑性外壳要妥善保护，以防碰裂。电钻不要与汽油及其他溶剂接触。

②要保持电钻的通风畅通，防止铁屑等杂物进入，以免损坏电钻。

③保持钻头的锋利，钻孔时不宜用力过猛，以防电钻过载；当转速明显降低时，应立即减小压力；电钻因故突然停止转动时，必须立即切断电源进行检查。

④装电钻夹头时，切忌用锤子等物敲击，以免损坏钻夹头。

⑤使用时，必须握持电钻手柄，不能一边拉动软线一边搬动电钻，以防软线被擦破、割断和轧坏而引起触电事故。

5. 钻头装夹工具

(1)钻夹头

柱柄钻头用钻夹头夹持。钻夹头(图6-1-8)上端有一锥孔,紧配一根上下两端均带有莫氏锥度的芯棒,装入钻床主轴的锥孔内使用。夹头体1的三个斜孔中装有带螺纹的卡爪5,用来夹紧柱柄钻头,它和环形螺母4啮合。当带用小齿轮的钥匙3插入钻夹头1中并转动时,小伞齿轮便传动钻头套2上的大伞齿轮,进而使压合在钻头套2内部的环形螺母4旋转,使三个卡爪5同时推出或缩入,达到夹紧和放松钻头的目的。

(2)钻头套与楔铁

钻头套是将钻头和钻床主轴连接起来的过渡工具,如图6-1-9(a)所示。楔铁用来从钻套中取出钻头。使用时应该注意两点:一是楔铁带圆弧的一边一定要放在上面,否则会把钻床主轴套或钻套的长圆孔打坏;二是取出钻头时,要用手或其他方法接住钻头,以免落下时损坏钻床台面和钻头。如图6-1-9(b)所示。

(3)快换钻夹头

快换钻夹头是一种能在主轴转动情况下,更换钻头或其他刀具的夹紧工具(图6-1-10)。更换刀具时,一手将外环1向上提起,钢珠2受离心力的作用甩出贴往外环下部大直径处,由于不受钢珠的卡阻,装有钻头的可换钻套3便靠自重落下,用另一只手接住。然后再把另一个装有钻头的可换钻套装上,放下外环,钢珠又卡入可换套筒的凹坑内,于是又带动钻头旋转。快换钻夹头装卸迅速,使用方便,减少了换刀时间,提高了生产率,所以在一些生产单位应用较多。

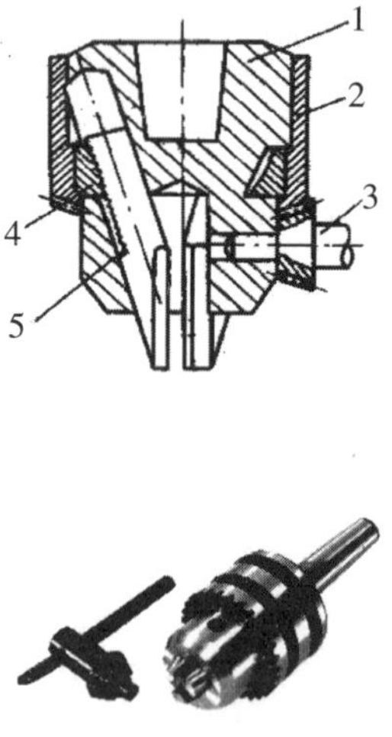

1-夹头体;2-钻头套;3-钥匙;4-环形螺母;5-卡爪

图6-1-8 钻夹头结构

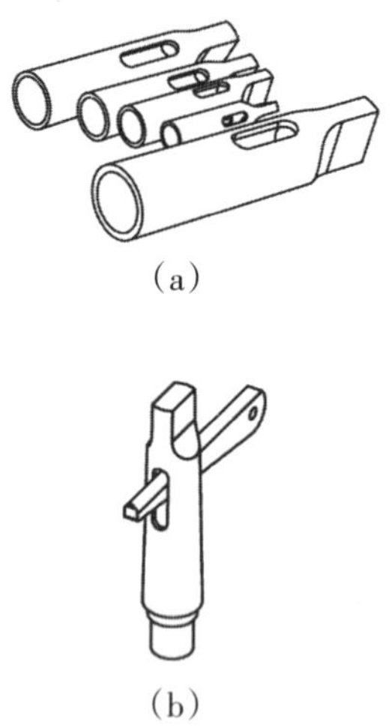

(a)钻套;(b)楔铁用法

图6-1-9 钻头套与楔铁

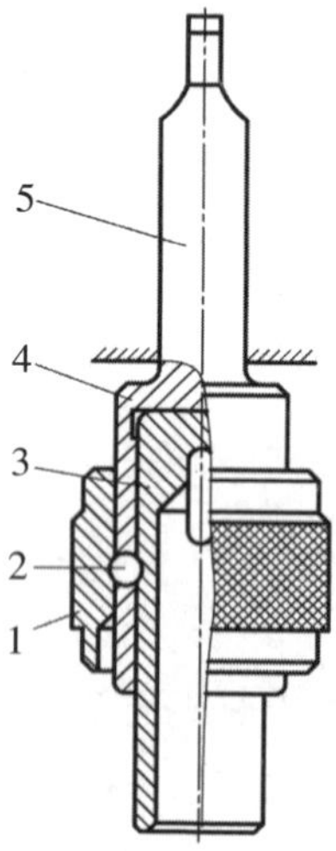

1-外环;2-钢珠;3-可换钻套;4-钢丝;5-莫式锥柄

图6-1-10 快换钻夹头

二、麻花钻

麻花钻是钻孔用的切削工具，常用高速钢（W18Cr4V2）制造，工作部分经热处理淬硬至HRC62~HRC68。麻花钻主要由柄部、颈部及工作部分组成，如图6-1-11所示。

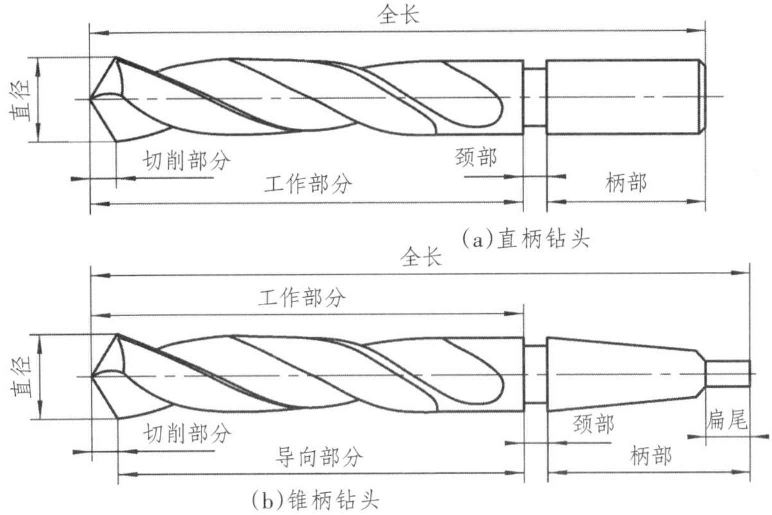

图6-1-11　麻花钻结构

1. 柄部

柄部是钻头的夹持部分，起传递动力的作用，柄部有直柄和锥柄两种，直柄传递扭矩较小；锥柄可传递较大扭矩（主要是靠柄的扁尾部分）。

2. 颈部

颈部是砂轮磨削钻头时退刀用的，钻头的规格、材料、商标等一般也刻在颈部。

3. 工作部分

它包括导向部分和切削部分。导向部分有两条狭长、螺纹形状的刃带（棱边亦即副切削刃）和螺旋槽。棱边的作用是引导钻头和修光孔壁；两条对称螺旋槽的作用是排除切屑和输送切削液（冷却液）。切削部分结构见图6-1-12，它有两条主切屑刃和一条横刃。两条主切屑刃之间通常为118°±2°，称为顶角。

4. 切削部分

切削部分的六面五刃：两个前面，两个后面，两个副后面，两条主切削刃，两条副切削刃，一条横刃，如图6-1-12所示。

（1）前刀面

前刀面即螺旋沟表面，是切屑流经表面，起容屑、排屑作用，需抛光以使排屑流畅。

(2)后刀面

后刀面与加工表面相对,位于钻头前端,形状由刃磨方法决定,可为螺旋面、圆锥面和平面、手工刃磨的任意曲面。

(3)副后刀面

副后刀面是与已加工表面(孔壁)相对的钻头外圆柱面上的窄棱面(棱带)。

(4)主切削刃

主切削刃是前刀面(螺旋沟表面)与后刀面的交线,标准麻花钻主切削刃为直线(或近似直线)。

(5)副切削刃

副切削刃是前刀面(螺旋沟表面)与副后刀面(窄棱面)的交线,即棱边。

(6)横刃

横刃是两个(主)后刀面的交线,位于钻头的最前端,亦称钻尖。

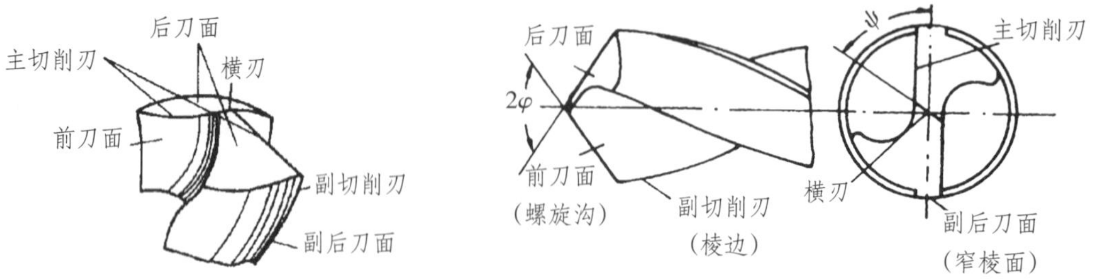

图6-1-12　麻花钻切削部分结构

5.麻花钻辅助平面和切削角度

(1)辅助平面

①切削平面Ps。

钻头主切削刃上选定点的切削平面Ps是由该点切削速度方向与该点切削刃的切线所构成的平面。由于主切削刃上各点的切削速度方向不同,故各点切削平面也就不同(见图6-1-13)。

②基面Pr。

钻头主切削刃上选定点的基面Pr是过该点且垂直于该点切削速度的平面(图6-1-13)。由于主切削刃上各点切削速度方向不同,因此各点的基面也不同,但基面总是通过钻头轴线并垂直于切削速度方向的平面。

③主截面。

通过主切削刃上的任一点并垂直于切削平面和基面的平面。

④柱截面。

通过主切削刃上的任一点作与钻头轴线平行的直线,该直线绕钻头轴线旋转一周所形成的圆柱面的切面。

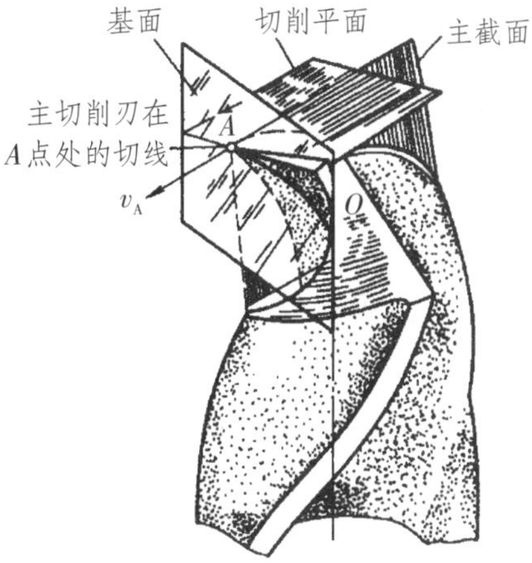

图6-1-13 麻花钻的辅助平面

（2）麻花钻切削角度

①螺旋角β（图6-1-14）。

钻头螺旋沟表面与外圆柱表面的交线为螺旋线，该螺旋线与钻头轴线的夹角称钻头螺旋角，记为β。标准麻花钻的名义螺旋角一般在18°~30°之间，大直径钻头取大值。从切削原理角度出发，钻不同工件材料需要不同的螺旋角。如：钻青铜、黄铜时，β=8°~12°；钻紫铜、铝合金时，β=35°~40°；钻高强度钢、铸铁时，β=10°~15°。

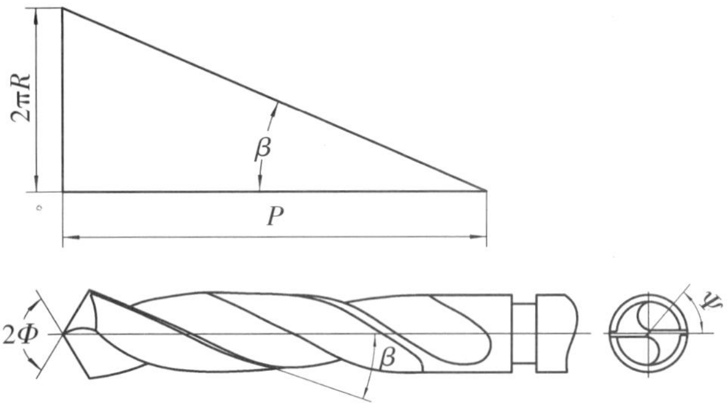

图6-1-14 麻花钻的螺旋角

②前角r_0。

主切削刃上选定点的前角是在该点的主截面内（如图6-1-15中的N-N面）前刀面与基面的夹角。主切削刃上螺旋角大处的前角也大，故钻头外缘处的前角大，可达30°，钻心处前角最小，在钻心至D/3范围内为负值，横刃处为-54°~-60°，在接近横刃处为-30。

③后角α_0。

主切削刃上选定点的后角，是在钻头柱截面内测量的后刀面与切削平面之间的夹角。如图6-1-15。主切削刃上的各点后角是变化的，愈接近钻心处的后角愈大，直径在15~30 mm的钻头，外沿处的后角为9°~12°，钻心处为30°~60°。

④顶(锋)角 2ϕ。

钻头顶角是在与两条主切削刃平行的平面内测量的两条主切削刃在该平面内投影间的夹角。标准麻花钻的 $2\phi=118°\pm2°$。顶角的大小将影响主切削长度、刀尖角的大小、轴向力、扭矩的大小及钻头的耐用度。

⑤横刃斜角 ψ(见图6-1-15)。

两个主后刀面的交线即为横刃,在端面投影图中横刃相对于主切削刃倾斜的角度,称横刃斜角,记为 ψ。它是刃磨钻头主后刀面时自然形成的。后角大时,ψ 减小,一般情况下,$\psi=50°\sim55°$。当横刃近似垂直于主切削刃,即 $\psi\approx90°$ 时,后角最小,因而可用 ψ 的大小来判断后角是否刃磨得合适。

6.标准麻花钻的缺点

(1)由于横刃较长,横刃处的前角为负值,加工时横刃处于挤刮状态,产生很大的轴向力,使钻头容易抖动,造成定心不良。试验表明50%的轴向力和15%的扭矩是横刃产生的。

(2)主切削刃上各点的前角大小不同,引起各点切削性能不同。

(3)棱边较宽,副后角为零,靠近切削部分的棱边与孔壁的摩擦严重,容易发热和磨损。

(4)主切削刃全宽参加切削,切屑变形大,切屑宽而卷曲,造成排屑困难。

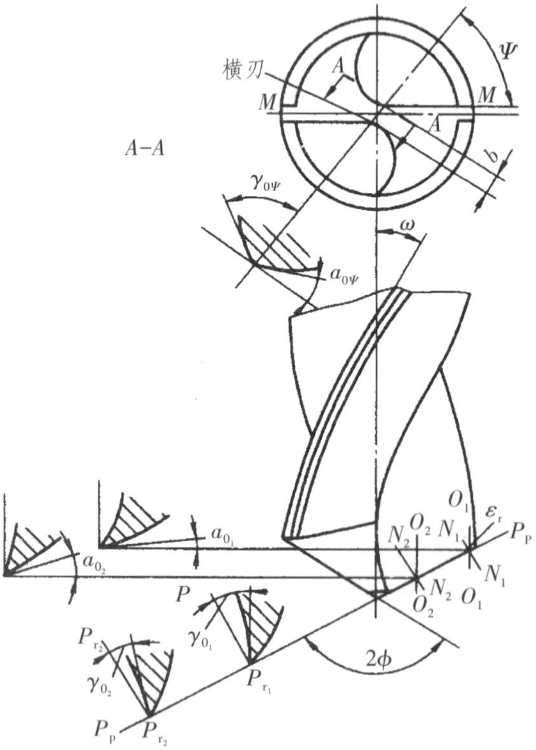

图6-1-15 麻花钻的切削角度

7.标准麻花钻的刃磨和修磨方法

(1)麻花钻的刃磨要求(参照图6-1-16)

①顶角 2ϕ 为 $118°\pm2°$;

②孔缘处的后角α_0为10°~14°；

③横刃斜角ψ为50°~55°；

④两主切削刃长度以及和钻头轴心线组成的两个角要相等；

⑤两个主后刀面要刃磨光滑。

(2)麻花钻的刃磨方法

口诀一:“刃口摆平轮面靠”。

这是钻头与砂轮相对位置的第一步,往往有学生还没有把刃口摆平就靠在砂轮上开始刃磨了。这样肯定是磨不好的。这里的“刃口”是主切削刃,“摆平”是指被刃磨部分的主切削刃处于水平位置。“轮面”是指砂轮的表面。“靠”是慢慢靠拢的意思。此时钻头还不能接触砂轮。

口诀二:“钻轴斜放出锋角”。

这里是指钻头轴心线与砂轮表面之间的位置关系。“锋角”即顶角118°±2°的一半,约为60°这个位置很重要,直接影响钻头顶角大小及主切削刃形状和横刃斜角。要记忆常用的一块30°,60°,90°三角板中60°的角度,以便于掌握。口诀一和口诀二都是指钻头刃磨前的相对位置,二者要统筹兼顾,不要为了摆平刃口而忽略了摆好斜角,或为了摆好斜放轴线而忽略了摆平刃口。在实际操作中往往会出这些错误。此时钻头在位置正确的情况下准备接触砂轮。

口诀三:“由刃向背磨后面”。

这里是指从钻头的刃口开始沿着整个后刀面缓慢刃磨。这样便于散热和刃磨。在稳定巩固口诀一、二的基础上,此时钻头可轻轻接触砂轮,进行较少量的刃磨,刃磨时要观察火花的均匀性,要及时调整压力大小,并注意钻头的冷却。当冷却后重新开始刃磨时,要继续摆好口诀一、二的位置,这一点往往在初学时不易掌握,常常会不由自主地改变其位置的正确性。

口诀四:“上下摆动尾别翘”。

这个动作在钻头刃磨过程中也很重要,往往有学生在刃磨时把“上下摆动”变成了“上下转动”,使钻头的另一主刀刃被破坏。同时钻头的尾部不能高翘于砂轮水平中心线以上,否则会使刃口磨钝,无法切削。

在上述四句口诀中的动作要领基本掌握的基础上,对钻头的后角也要充分注意,不能磨得过大或过小。可以用一支过大后角的钻头和另一支过小后角的钻头在台钻上试钻。我们会发现,过大后角的钻头在钻削时,孔口呈三边或五边形,振动厉害,切屑呈针状;过小后角的钻头在钻削时轴向力很大,不易切入,钻头发热严重,无法钻削。通过比较、观察、反复地“少磨多看”试钻及对横刃的适当修磨,就能较快地掌握麻花钻的正确刃磨方法,较好地控制后角的大小。当试钻时,钻头排屑轻快,无振动,孔径无扩大,则可以较好地转入其他类型钻头的刃磨练习。

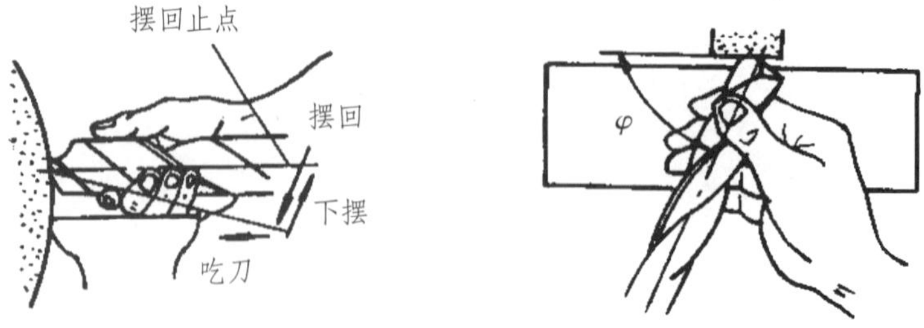

（a）　　　　　　　　　　　　　　（b）

图6-1-16　麻花钻刃磨过程

（2）麻花钻的修磨方法（见图6-1-17）

①修磨横刃：把横刃磨短成b=0.5~1.5 mm。使其长度等于原来的1/3。

②修磨主切削刃：在钻头外缘处磨出过渡刃f_0=0.2d。

③修磨棱边：在靠近主切削刃的一段棱边上，磨出副后角=6°~8°。

④修磨前面：减少此处的夹角，避免扎刀现象。

⑤修磨分屑槽：磨出几条错开的分屑槽，利于排屑。

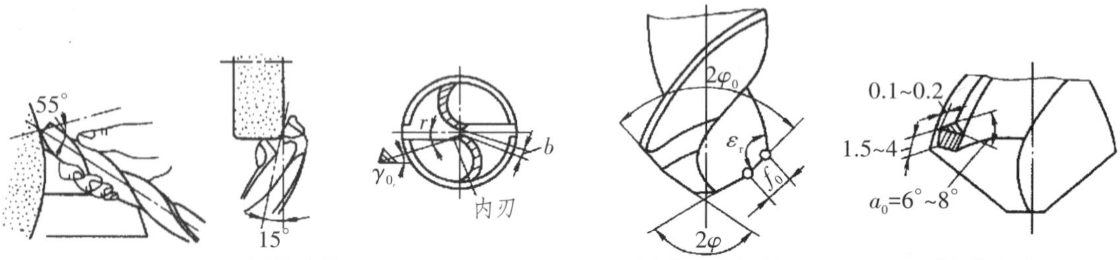

（a）修磨横刃　　　（b）修磨主切削刃　　　（c）修磨棱边

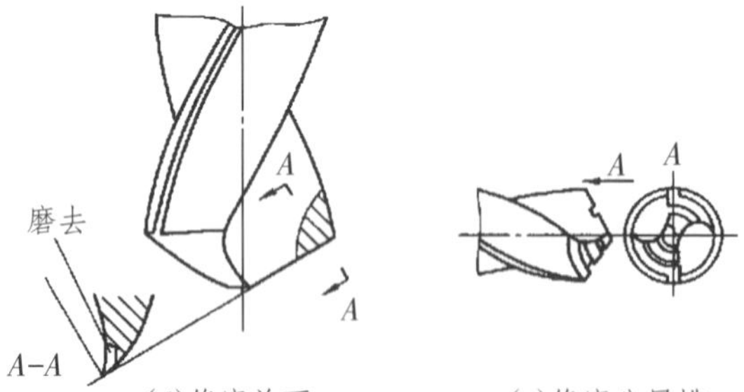

（d）修磨前面　　　（e）修磨分屑槽

图6-1-17　麻花钻的修磨方法

✲任务小结

1. 钻床的构造。

2. 钻削工具及刃磨方法。

任务二　钻削基本技能

一、钻孔方法

1.钻削用量及其选择

(1)钻削用量

钻削用量包括三要素:切削速度 V_C、进给量f、切削深度 a_p。

①切削速度 V_C指钻削时钻头切削刃上最大直径处的线速度,可由下式计算:

$$V_C=\pi dn/1000(\mathrm{m/min})$$

式中 d 钻头直径(mm)、n 钻头转速(r/min)。

②进给量f指主轴每转一转钻头对工件沿主轴轴线相对移动的距离,单位为mm/r。

③切削深度 a_p 指已加工表面与待加工表面之间的垂直距离,即一次走刀所能切下的金属层厚度,$a_p=d/2$,单位为mm。

(2)钻削用量的选择

钻削用量选择的目的,首先是在保证钻头加工精度和表面粗糙度的要求以及保证钻头有合理的使用寿命的前提下,使生产率最高;不允许超过机床的功率和机床、刀具、夹具等的强度和刚度的承受范围。钻削时,由于背吃刀量已由钻头直径决定,所以只需选择切削速度和进给量;对钻孔生产率的影响,切削速度和进给量是相同的;对钻头寿命的影响,切削速度比进给量大;对孔的表面粗糙度的影响,进给量比切削速度大。钻孔时选择钻削用量的基本原则是在允许范围内,尽量先选择较大的进给量f,当f的选择受到表面粗糙度和钻头刚性的限制时,再考虑选择较大的切削速度 V_C。

①切削深度。

直径小于30 mm的孔一次钻出;直径30~80 mm的孔可分两次钻削,先用(0.5~0.7)d(d为要求加工的孔径)的钻头钻底孔,然后用直径为d的钻头将孔扩大。

②进给量。

孔的精度要求较高且表面粗糙度值较小时,应选择较小的进给量;钻较深孔、钻头较长以及钻头刚性、强度较差时,也应选择较小的进给量。

③钻削速度。

当钻头直径和进给量确定后,钻削速度应按钻头的寿命选取合理的数值,一般根据经验选取。孔较深时,取较小的切削速度。

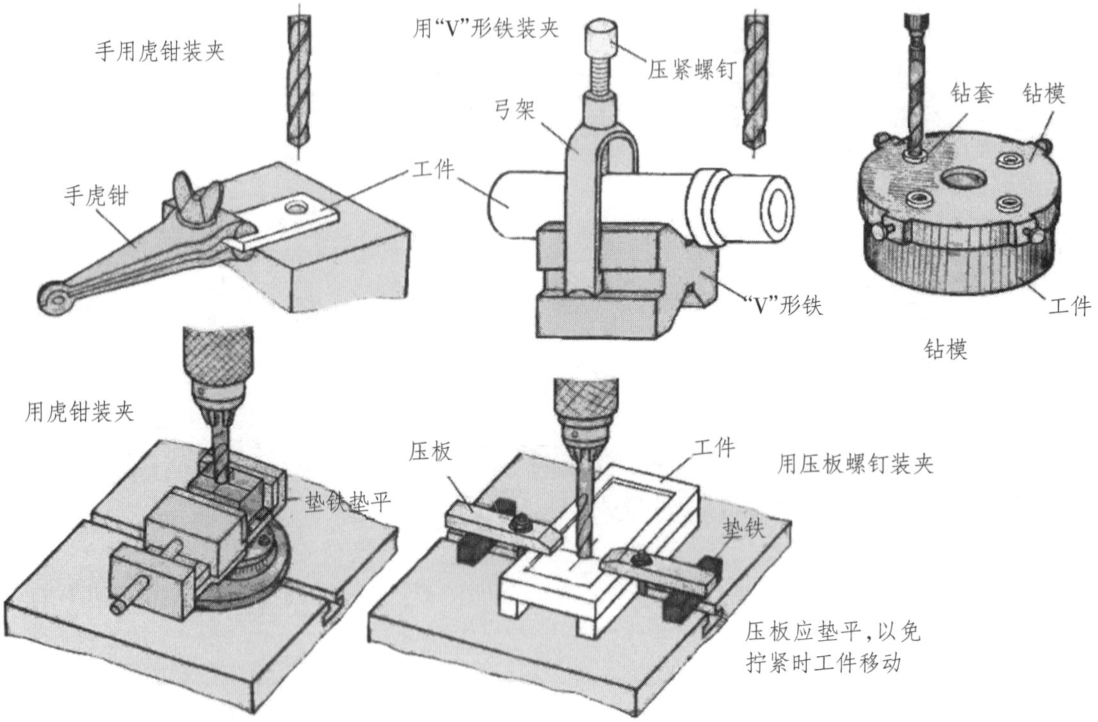

图6-2-1　工件的装夹方法

2.工件的装夹

钻孔时应根据工件形状、钻孔直径大小和工件大小的不同，采用合适的夹持方法，以确保钻孔质量及安全生产。如图6-2-1所示。

3.钻孔操作方法和步骤

(1)先划十字中心线，并打好样冲眼，按孔的大小划好圆周线。同时对较大直径的孔划上一组间隔均匀的正方形或者圆。最大尺寸在孔径左右间距为2 mm左右，通常划2~3圈。

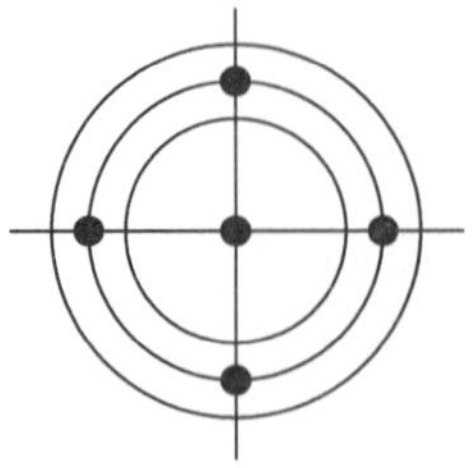

图6-2-2　孔的加工界限

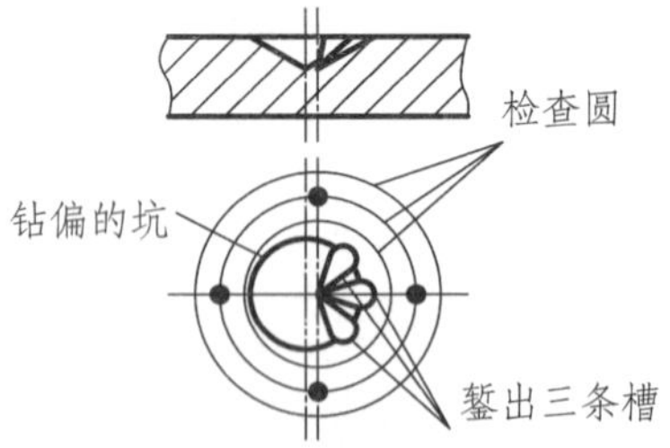

图6-2-3　起钻歪斜矫正歪斜

(2)试钻。钻孔前，先把孔中心的样冲眼冲大一些。这样钻孔时钻头不易偏心。试钻一浅坑，注意从两个方向观察，使起钻孔处于最内圈的圆或方框两方向的中间位置。钻削进给时用力均匀，并经常注意退出钻头，工件将钻穿时注意到进给力要小。孔的加工界限，如图6-2-2所示。

(3)借正。当试钻不同心时，应及时借正。一般靠移动工件位置借正。如果偏离较多，可用样冲或油槽錾在需要多钻去材料的部位錾几条槽，以减少此处的切削阻力而让钻头偏过来。如图6-2-3所示。

(4)在钻削过程中,特别是钻深孔时,要经常退出钻头以排出切屑和进行冷却,否则可能使切屑堵塞或钻头过热磨损甚至折断,并影响加工质量。

(5)钻通孔时,当孔将钻透时,进刀量要减小,避免钻头在钻穿时的瞬间抖动,出现“啃刀”现象,影响加工质量,损伤钻头,甚至发生事故。

(6)钻削时的冷却润滑:钻削钢件时常用机油或乳化液;钻削铝件时常用乳化液或煤油;钻削铸铁时则用煤油。

4.特殊表面的钻孔方法

(1)在斜面上钻孔的方法

方法一:先用立铣刀在斜面上铣出一个水平面,然后再钻孔。

方法二:用錾子在斜面上錾出一个小平面后,先用中心钻钻出一个较大的锥坑或用小钻头钻出一个浅坑,再钻孔。如图6-2-4所示。

(2)钻半圆孔的方法

①相同材料的半圆孔钻削方法。如图6-2-5所示。

②不同材料的半圆孔钻削方法。如图6-2-6所示。

③使用半孔钻钻孔。如图6-2-7所示。

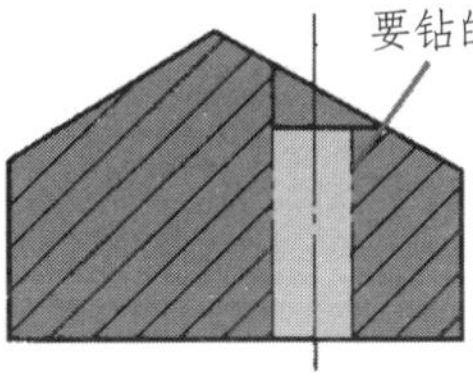

图6-2-4 斜面上钻孔的方法

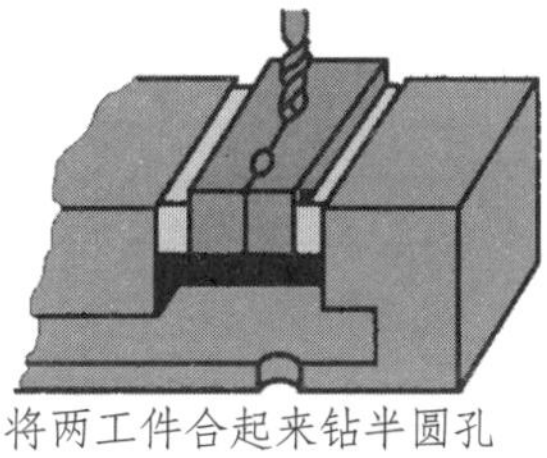

图6-2-5 钻半圆孔的方法

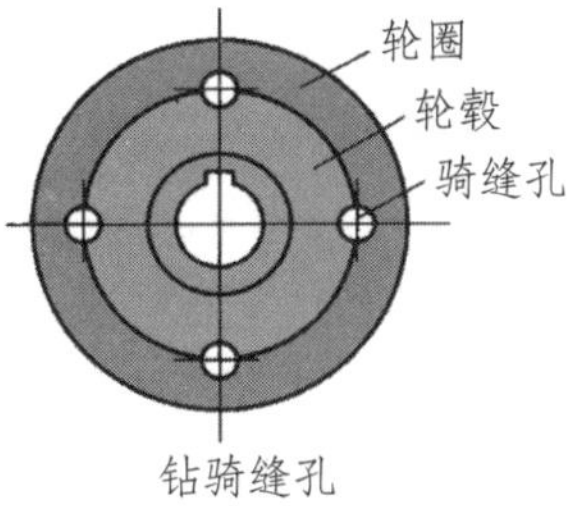

图6-2-6 钻骑缝孔的方法

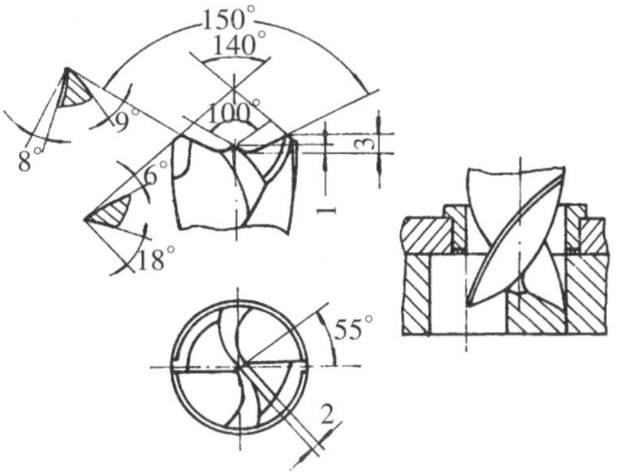

图6-2-7 半孔钻图

二、扩孔

用以扩大已加工出的孔(铸出、锻出或钻出的孔),它可以校正孔的轴线偏差,并使其获得正确的几何形状和较小的表面粗糙度,其加工精度一般为IT9-IT10级,表面粗糙度*Ra*=

25~6.3 μm。扩孔的加工余量一般为0.2~4 mm。钻孔时，钻头的所有刀刃都参与工作，切削阻力非常大，特别是钻头的横刃为负的前角，而且横刃相对轴线总有不对称，由此引起钻头的摆动，所以钻孔精度很低。扩孔时只有最外周的刀刃参与切削，阻力大大减小，而且由于没有横刃，钻头可以浮动定心，所以扩孔的精度远远高于钻孔。扩孔时可用钻头扩孔，但当孔精度要求较高时常用扩孔钻（图6–2–8）。扩孔钻的形状与钻头相似，不同的是：扩孔钻有3~4个切削刃，且没有横刃，其顶端是平的，螺旋槽较浅。

扩孔钻的结构与麻花钻相比有以下特点：

（1）刚性较好。由于扩孔的背吃刀量小，切屑少，扩孔钻的容屑槽浅而窄，钻芯直径较大，增加了扩孔钻工作部分的刚性。

（2）导向性好。扩孔钻有3~4个刀齿，刀具周边的棱边数增多，导向作用相对增强。

（3）切屑条件较好。扩孔钻无横刃参加切削，切削轻快，可采用较大的进给量，生产率较高；又因切屑少，排屑顺利，不易刮伤已加工表面。因此扩孔与钻孔相比，加工精度高，表面粗糙度值较低，且可在一定程度上校正钻孔的轴线误差。此外，适用于扩孔的机床与钻孔相同。

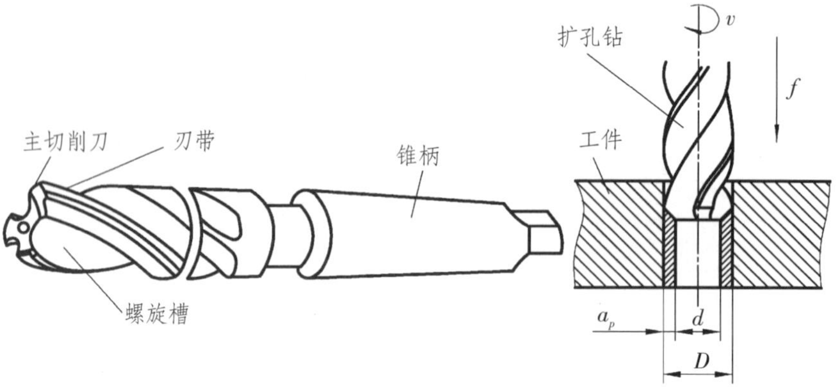

图6–2–8　扩孔钻

三、锪孔

锪孔是用锪孔钻在预制孔的一端加工沉孔、锥孔、局部平面或球面等，以便安装螺钉头或垫圈等紧固件，或者使连接零件能齐平安装。锪孔，如图6–2–9所示，锪孔时使用的刀具称为锪钻，一般用高速钢制造。加工大直径凸台断面的锪钻，可用硬质合金重磨式刀片或可转位式刀片，用镶齿或机夹的方法，固定在刀体上制成。

1. 锪孔钻

锪钻分为柱形锪钻、锥形锪钻和端面锪钻三种。

（1）柱形锪钻

锪圆柱形埋头孔的锪钻。柱形锪钻起主要切削作用的是端面刀刃。螺旋槽的斜角就是它的前角（$\gamma_0=\beta_0=15°$），后角 $\alpha_0=8°$。柱形锪钻前端有导柱，导柱直径与工件上的孔为紧密的间隙配合，以保证有良好的定心和导向。一般导柱是可拆的，也可把导柱和锪钻做成一体。

(2)锥形锪钻

这是锪锥形沉孔的锪钻。锥形锪钻的锥角按工件沉孔锥角的不同,有60°、75°、90°、120°四种,其中90°用得最多。锥形锪钻的直径在12~60 mm,齿数为4~12个,前角γ_0=0°,后角α_0=4°~6°。为了改善钻尖处的容屑条件,每隔一齿将刀刃切去一块。

(3)端面锪钻

用来锪平孔口端面的锪钻称为端面锪钻。

2.锪孔方法

锪孔方法和钻孔方法基本相同。锪孔时存在的主要问题是由于刀具振动而使所锪孔口的端面或锥面产生振痕,使用麻花钻改制的锪钻,振痕尤为严重。为了避免这种现象,在锪孔时应注意以下几点:

(1)锪孔时的切削速度应比钻孔低,一般为钻孔切削速度的1/2~1/3。同时,由于锪孔时的轴向抗力较小,所以手进给压力不宜过大,并要均匀。精锪时,往往采用钻床停车后主轴惯性来锪孔,以减少振动而获得光滑表面。

(2)锪孔时,由于锪孔的切削面积小,标准锪钻的切削刃数目多,切削较平稳,所以进给量为钻孔的2~3倍。

(3)尽量选用较短的钻头来改磨锪钻,并注意修磨前面,减小前角,以防止扎刀和振动。用麻花钻改磨锪钻,刃磨时,要保证两切削刃高低一致、角度对称,保持切削平稳。后角和外缘处前角要适当减小,选用较小后角,防止多角形,以减少振动,以防扎刀。同时,在砂轮上修磨后再用油石修光,使切削均匀平稳,减少加工时的振动。

(4)锪钻的刀杆和刀片,配合要合适,装夹要牢固,导向要可靠,工件要压紧,锪孔时不应发生振动。

(5)要先调整好工件的螺栓通孔与锪钻的同轴度,再做工件的夹紧。调整时,可旋转主轴做试钻,使工件能自然定位。工件夹紧要稳固,以减少振动。

(6)为控制锪孔深度,用钻床上的深度标尺和定位螺母,做好调整定位工作。

(7)当锪孔表面出现多角形振纹等情况,应立即停止加工,并找出钻头刃磨等问题,及时修正。

(8)锪钢件时,因切削热量大,要在导柱和切削表面加润滑油。

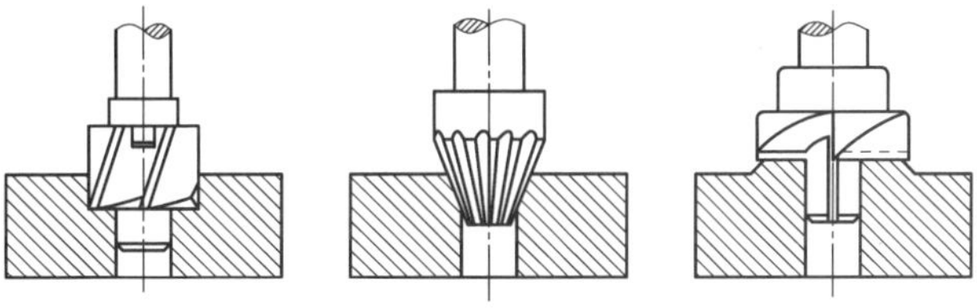

图6-2-9 锪孔

四、铰孔

铰孔是用铰刀从工件壁上切除微量金属层,以提高孔的尺寸精度和表面质量的加工方法。铰孔是应用较普遍的孔的精加工方法之一,其加工精度可达IT9–IT6级,表面粗糙度*Ra*

=3.2~0.8 μm。

1. 铰刀

铰刀是多刃切削刀具，有6~12个切削刃和较小顶角。铰孔时导向性好。铰刀刀齿的齿槽很宽，铰刀的横截面大，因此刚性好。铰孔时因为余量很小，每个切削刃上的负荷小于扩孔钻，且切削刃的前角$\gamma_0=0°$，所以铰削过程实际上是修刮过程。特别是手工铰孔时，切削速度很低，不会受到切削热和振动的影响，因此使孔加工的质量较高。

铰刀一般分为整体圆柱形机铰刀和手铰刀、可调节的手铰刀、锥铰刀、螺旋槽手铰刀、硬质合金机用铰刀等五类。手用铰刀的顶角较机用铰刀小，其柄为直柄（机用铰刀有锥柄和直柄两种）。铰刀的工作部分由切削部分和校准部分所组成。如图6-2-10、图6-2-11、图6-2-12所示。

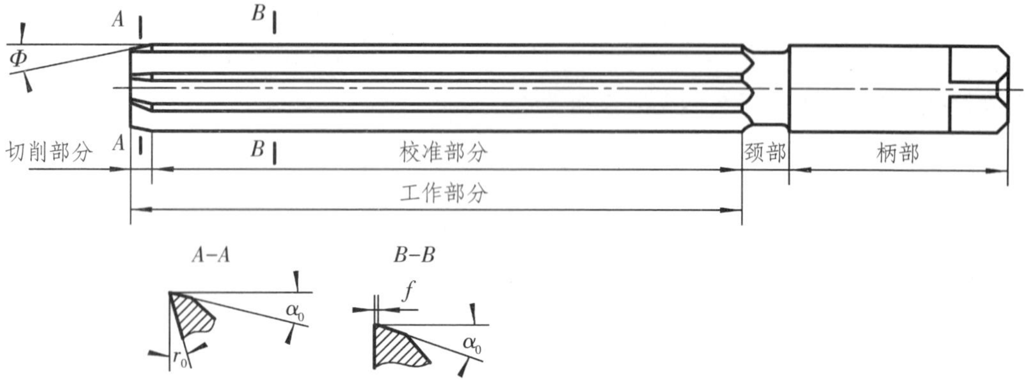

图6-2-10　普通手用铰刀

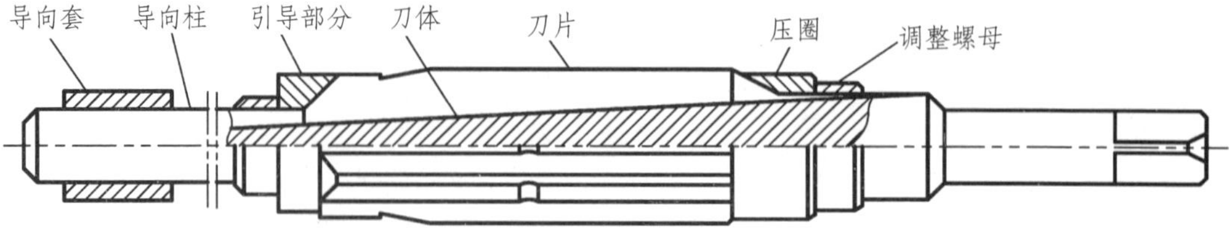

图6-2-11　可调手用铰刀

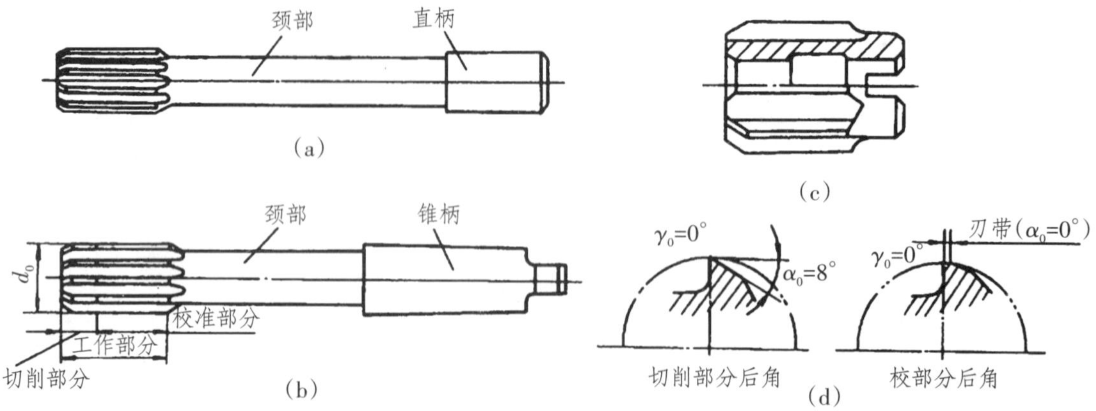

图6-2-12　机用铰刀

标准铰刀有4~12齿。铰刀的齿数除与铰刀直径有关外，主要根据加工精度的要求选择。齿数过多，刀具的制造、重磨都比较麻烦，而且会因齿间容屑槽减小，而造成切屑堵塞和划伤孔壁以致铰刀折断的后果。齿数过少，则铰削时的稳定性差，刀齿的切削负荷增大，且容易产生几何形状误差。铰刀齿数可参照表6-2-1选择，铰刀的种类见表6-2-2。

表6-2-1 铰刀齿数选择

铰刀直径/mm		1.5~3	3~14	14~40	>40
齿数	一般加工精度	4	4	6	8
	高加工精度	4	6	8	10~12

表6-2-2 铰刀的种类

类型	图示
常用铰刀	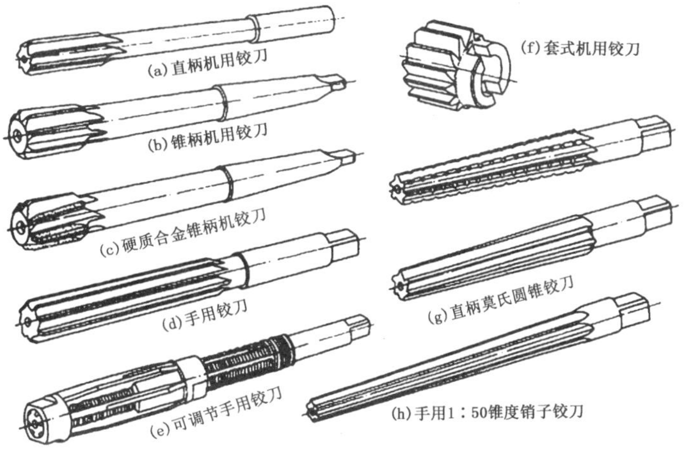
手用螺旋铰刀	
机用螺旋直柄铰刀	
机用螺旋锥柄铰刀	
机用螺旋铰刀(大螺旋角)	
套式铰刀心轴 (与套式铰刀同时使用)	
套式螺旋刀心轴 (与套式铰刀心轴同时使用)	

2.手用铰刀铰孔的方法

(1)工件要夹正、夹紧，尽可能使被铰孔的轴线处于水平或垂直位置。对薄壁零件夹紧力不要过大，防止将孔夹扁，铰孔后产生变形。

(2)手铰过程中，两手用力要平衡、均匀，防止铰刀偏摆，避免孔口处出现喇叭口或孔径扩大。

(3)铰削进给时不能猛力压铰杠，应一边旋转，一边轻轻加压，使铰刀缓慢、均匀地进给，保证获得较细的表面粗糙度。

(4)铰削过程中,要注意变换铰刀每次停歇的位置,避免在同一处停歇而造成振痕。

(5)铰刀不能反转,退出时也要顺转,否则会使切屑卡在孔壁和后刀面之间,将孔壁拉毛,铰刀也容易磨损,甚至崩刃。

(6)铰削钢料时,切屑碎末易黏附在刀齿上,应注意经常退刀清除切屑,并添加切削液。

(7)铰削过程中,发现铰刀被卡住,不能猛力扳转铰杠,防止铰刀崩刃或折断,而应及时取出铰刀,清除切屑和检查铰刀。继续铰削时要缓慢进给,防止在原处再次被卡住。

3. 机用铰刀的铰削方法

使用机用铰刀铰孔时,除注意手铰时的各项要求外,还应注意以下几点:

(1)要选择合适的铰削余量、切削速度和进给量。

(2)必须保证钻床主轴、铰刀和工件孔三者之间的同轴度要求。对于高精度孔,必要时要采用浮动铰刀夹头来装夹铰刀。

(3)开始铰削时先采用手动进给,正常切削后改用自动进给。

(4)铰不通孔时,应经常退刀清除切屑,防止切屑拉伤孔壁;铰通孔时,铰刀校准部分不能全部出头,以免将孔口处刮坏,退刀时困难。

(5)在铰削过程中,必须注入足够的切削液,以清除切屑和降低切削温度。

(6)铰孔完毕,应先退出铰刀后再停车,否则孔壁会拉出刀痕。

4. 锥孔的铰削方法

小尺寸的圆锥孔,按"Φ=锥孔小端直径-精铰余量"钻削圆柱底孔,然后直接用锥铰刀铰削即可。对于孔径较大,尺寸较深的锥孔来说,需要先钻削出台阶孔(图6-2-13),再进行铰削。铰削过程中要不断用锥销进行检查(图6-2-14)。

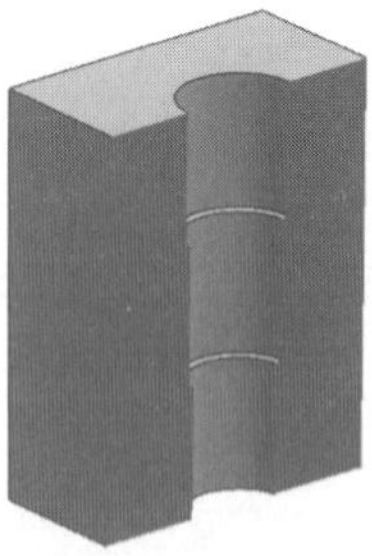

图6-2-13　钻削台阶孔

图6-2-14　锥销检查锥孔尺寸

5. 铰削时切削液的选用方法

(1)切削液的种类性能及其作用

生产中经常使用的切削液大致分为三大类:

①水溶液

水溶液是以水为主要成分并加入防锈添加剂的切削液,起冷却、清洗作用。常用的有电解水溶液和表面活性水溶液。电解水溶液由99%的水,0.75%的碳酸钠和0.25%的亚硝酸钠配制而成,用于磨削;表面活性水溶液由94.5%的水、4%的肥皂和1.5%的无水碳酸钠配制而成，用于精车、精铣和铰孔。

②乳化液

乳化液是油与水的混合液体，根据油和水混合的比例不同，分为普通乳化液、极压乳化液和防锈乳化液。用3%~5%的乳化油加水稀释，形成低浓度乳化液，又叫普通乳化液，普通乳化液冷却与清洗作用较强。在乳化油中加入硫、磷、氯等有机化合物，则形成极压乳化油，提高润滑膜耐受温度、压力的能力，用5%~20%的极压乳化油加水稀释形成极压乳化液，极压乳化液润滑作用较强。在普通乳化液的基础上加入0.1%的亚硝酸钠、磷酸三钠、尿素等防锈添加剂形成防锈乳化液，主要起防锈、冷却作用。

③切削油

切削油主要成分是矿物油，常用的有L-AN7、LAN10、L-AN15、L-AN32、L-AN46全损耗系统用油和轻柴油、煤油等，少数采用动物油或植物油，如豆油、菜籽油、棉籽油、蓖麻油等，此类切削液的比热小、黏度大、流动性差、润滑效果好。

(2)根据铰刀的使用状况选择切削液

铰刀在使用过程中会发生微小的变化。为增加刀具的使用寿命，新铰刀制造时总选最大极限尺寸。由于新铰刀刀刃处于初期磨损阶段，刀齿有毛刺，开始使用铰刀时，先选用废料加水溶液，试铰2~3件，使刀刃的毛刺磨掉，避免划伤工件。进入正常铰削阶段，切削液选用浓度较小的乳化液，由于加入乳化液会增加刀具磨损的速度，用乳化液铰孔最多能加工10个孔，铰刀的尺寸就已达到孔径最大极限尺寸与最小极限尺寸的平均值，乳化液换成L-AN15全损耗系统用油再继续铰孔，当加工100个孔之后，随铰刀磨损量的增加，铰刀尺寸逐渐减小，达到孔径最小极限尺寸，此时采用L-AN32全损耗系统用油进行铰削；当铰刀磨损到稍小于工件孔径最小极限尺寸时，采用L-AN15全损耗系统用油50%和豆油50%的混合油进行铰孔，此类切削液可使孔径扩大0.02 mm，以保证精度，延长刀具寿命，提高生产效率。

(3)根据工件的材料选用切削液

零件材料不同，其力学性能和工艺性能也不同，所以铰孔时，必须根据工件材料的不同性能特点，选用合适的切削液。

①铰削中碳钢和合金钢时，由于中碳钢和合金钢有良好的切削加工性能，加工时不会产生大量的切削热，切屑易变形折断，刀具不易磨损。所以选切削液时，主要采用润滑为主、冷却为辅的切削液以达到减小工件的表面粗糙度值为目的。低速铰孔时，选浓度大的硫化乳化液，中速铰削时，选用硫化油与煤油的混合液，增加润滑性。

②铰削不锈钢时，由于不锈钢材料的导热性差、高温强度大、切屑易粘刀、刀具磨损快等特点，选用切削液要以降低温度、清洗切屑为主。将3%的亚硝酸钠加2%的碳酸钠用少量热水混合，然后将1%的L-AN46全损耗系统用油加0.5%的乙醇合在一起后用适量的水稀释，这样配成的乳化油铰削不锈钢效果很好。

③铰削铸铁时，由于铸铁中石墨的存在对基体起着割裂作用，所以铸铁的强度、塑性和韧性很差，但硬度和脆性很大，且表面有细小的裂纹和针孔，加工中易形成崩碎切屑，不需要冷却，润滑效果也不明显，因此，铰铸铁孔时，不加切削液，如能一孔重复铰削两遍，可减小工件的表面粗糙度值，使工件表面粗糙度值减小到Ra=3.2 μm。

④铰削黄铜时，由于黄铜是由铜和锌元素组成，工业中一般所采用的黄铜含锌量不超过45%，特点是塑性好、强度高、切削加工性好，铰削黄铜时需加以润滑为主的切削液。一般用黏度较大的菜油。

⑤铰削生铝，即铸造铝合金时，由于此类合金的塑性差、强度低、脆性大，加工时，表面粗糙度值大，所以铰削时，加煤油或30%煤油与70%菜油的混合油，则能减小工件的表面粗糙度值。

(4)根据工件的精度要求选择切削液

工件都有不同的精度要求，在铰孔时，切削液不同，也会引起加工精度的变化，必须引起注意。用同一把铰刀铰孔，切削液的选择不同，铰出孔的孔径尺寸也不同。在实际加工中发现：加入切削油，铰出孔的尺寸比铰刀尺寸要大0.01~0.015 mm；加入普通乳化液，铰出孔的尺寸比铰刀尺寸大0~0.005 mm；加入水溶液，铰出的孔比铰刀尺寸小0.005 mm；从以上的数据可得出如下结论：铰孔时，加切削油，孔径胀大，加普通乳化液，孔径稍微胀大，加水溶液孔径缩小。因此，对尺寸精度要求很高的孔进行铰削时，一定要根据铰刀的尺寸合理选择切削液，保证必要的精度。

(5)根据工件的表面粗糙度要求选取不同切削液

铰孔时，切削液也会影响到工件表面粗糙度。加入浓度大的乳化液，工件内表面光洁如镜面，表面粗糙度值很小，Ra=0.8~1.6 μm；加入全损耗系统用油，工件表面颜色发乌，表面粗糙度比用乳化液稍差，Ra=1.6 μm；加入水溶液，工件表面粗糙度值最大，Ra=3.2 μm。当铰削表面要求很光洁的内孔时，加入极压乳化液作为切削液；表面粗糙度值较大时，用水溶液作为切削液；若粗糙度要求一般，选全损耗系统用油作为切削液。

(6)根据生产环境温度的变化选用切削液

同一浓度的切削液的黏度随温度的变化而不同。夏天和冬天相差较大。同样浓度的乳化液，夏天黏度变小、冬天黏度变大。润滑作用的原理是切削液渗透到刀具与切屑工件的接触表面之间形成很薄的一层油膜，减少了刀具与工件之间的摩擦，减轻了切屑与刀具的粘附和刀瘤的产生，减少了刀具磨损，起润滑作用。若要形成油膜，油的黏度必须较大。因此，夏天选用乳化液时，选用黏度大的，冬天温度低时选用黏度小的。

五、钻床安全文明操作规程

(1)操作前要穿紧身防护服，袖口扣紧，上衣下摆不能敞开，严禁戴手套，不得在开动的机床旁穿脱衣服或围布于身上，防止被机器绞伤。所有留长头发的同学必须先戴发网，再戴安全帽，不得穿裙子、拖鞋。

(2)钻孔前清理工作台；工作前对设备、工具、工装、夹具进行全面检查，确认无误后，方可使用。

(3)钻孔前要夹紧工件，一般要用台钳或压板将工件夹紧，固定可靠，不准用手握住工件钻孔；钻通孔时要加垫块或使钻头对准工作台的沟槽，防止钻头损坏工作台。

(4)通孔快被钻穿时，要减小进给量，以防产生扎刀和事故。

(5)松紧钻夹头应在停车后进行,且要用钥匙来松紧而不能敲击。当钻头要从钻头套中退出时要用斜铁敲出。

(6)钻床需变速时应先停车后变速。

(7)切屑的清除应用刷子和钩子,而不可用嘴吹和手拉,以防止切屑飞入眼中或将手划伤。

(8)遵守金属切削加工安全操作规程、电动工具安全操作规程。

(9)手不准触摸钻床和砂轮机的旋转部位。

(10)严禁在机床旋转时,翻转、装夹工件和换挡变速。

(11)钻斜孔时,必须使用专用工装;加工薄板时,下面必须用铁块垫平。

(12)精铰深孔时,应尽量抬高钻杆;测量工件时,注意手不要碰到刀具。

(13)钻孔即将钻透时,必须停止自动走刀,用手轻压钻把,直至钻透。

(14)使用摇臂钻床钻孔时,摇臂必须锁紧,钻床及摇臂回转范围内要保持清洁,不准有障碍物和其他物品。在校夹或校正工件时,摇臂必须移离工件并升高,刹好车,必须用压板压紧或夹住工作物,以免回转甩出伤人。

(15)工作结束时,切断电源,清理机床和场地,填写设备使用记录。

✲任务小结

1.钻孔方法。

2.扩孔、锪孔、铰孔。

3.钻床安全文明操作规程。

实训课题Ⅰ:孔加工Ⅰ

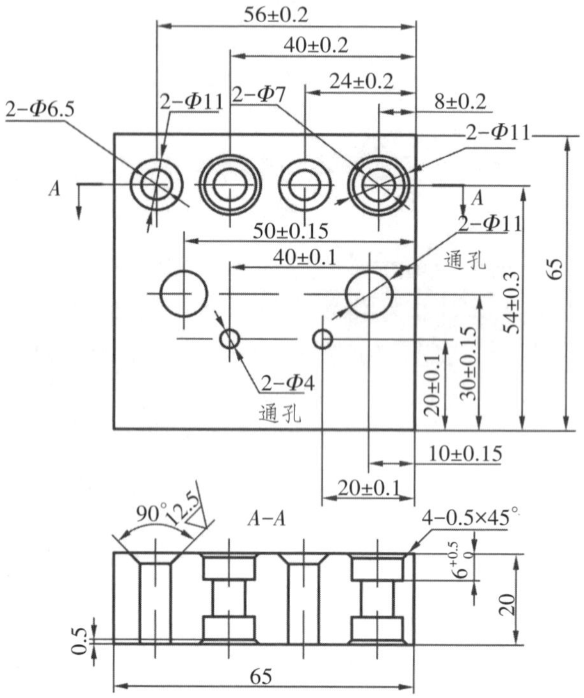

图6-2-15　孔加工Ⅰ零件图

扫码看微课

孔加工练习

一、操作技术要点

(1)掌握标准麻花钻和改制锪钻的正确刃磨方法。

(2)初步掌握钻孔、锪孔的基本操作方法。

(3)熟悉台钻的结构,掌握台钻的使用和保养。

二、刀具、量具、和辅助工具

麻花钻头、锪钻、角尺、游标卡尺、划规、平口钳等。

三、操作步骤

(1)修锉基准面,去毛刺。

(2)划各孔的中心线,用游标卡尺做复检,达到孔距准确。

(3)打中心样冲眼,划孔圆,钻大孔时,还应划几个检查圆线。然后将中心样冲眼打大,以便准确落钻定心。

(4)按锪孔角度要求刃磨钻头,并在其他材料上试钻。

(5)按图样进行钻孔,锪孔,达到图样公差要求。

(6)去毛刺,自检。

四、评分标准

序号	质量检查内容	配分	评分标准	检测记录	得分
1	孔距±0.1、±0.15	32分	一处超差扣6分		
2	孔距±0.2、±0.3	22分	一处超差扣3分		
3	孔径 Φ0.2、Φ0.3	18分	一处超差扣3分		
4	孔径 Φ6.5、Φ7	8分	一处超差扣2分		
5	锪孔 $6^{+0.5}_{0}$	12分	超差不得分		
6	*Ra*12.5	8分	一处超差扣1分		
7	安全文明生产	只扣分	违章扣5~10分		

五、任务图

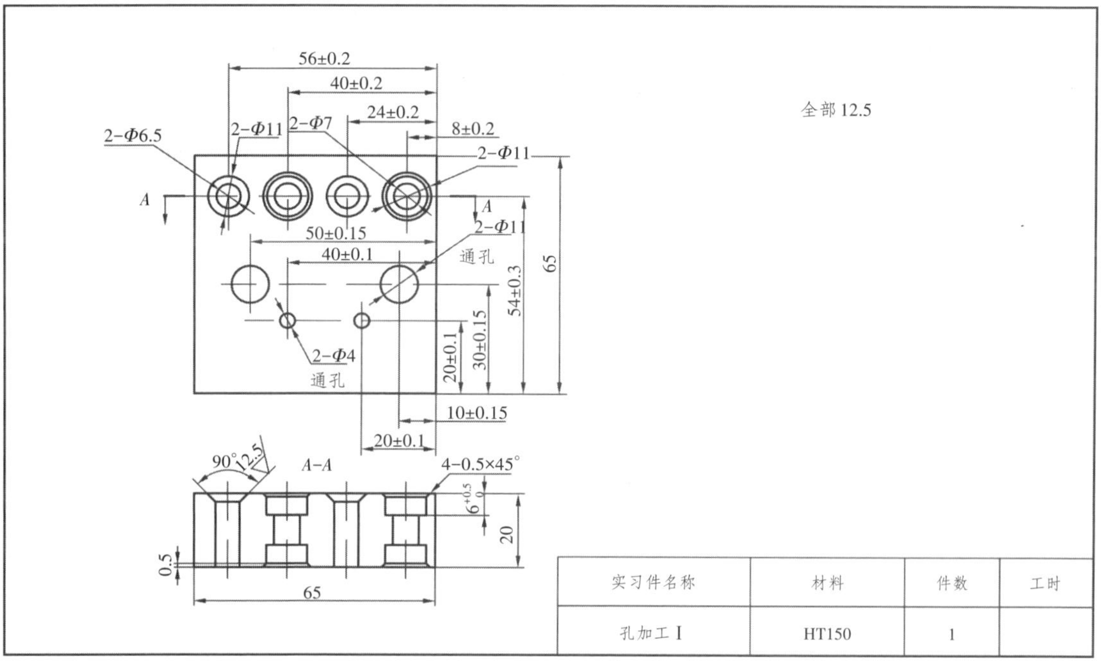

实训课题Ⅱ：孔加工Ⅱ

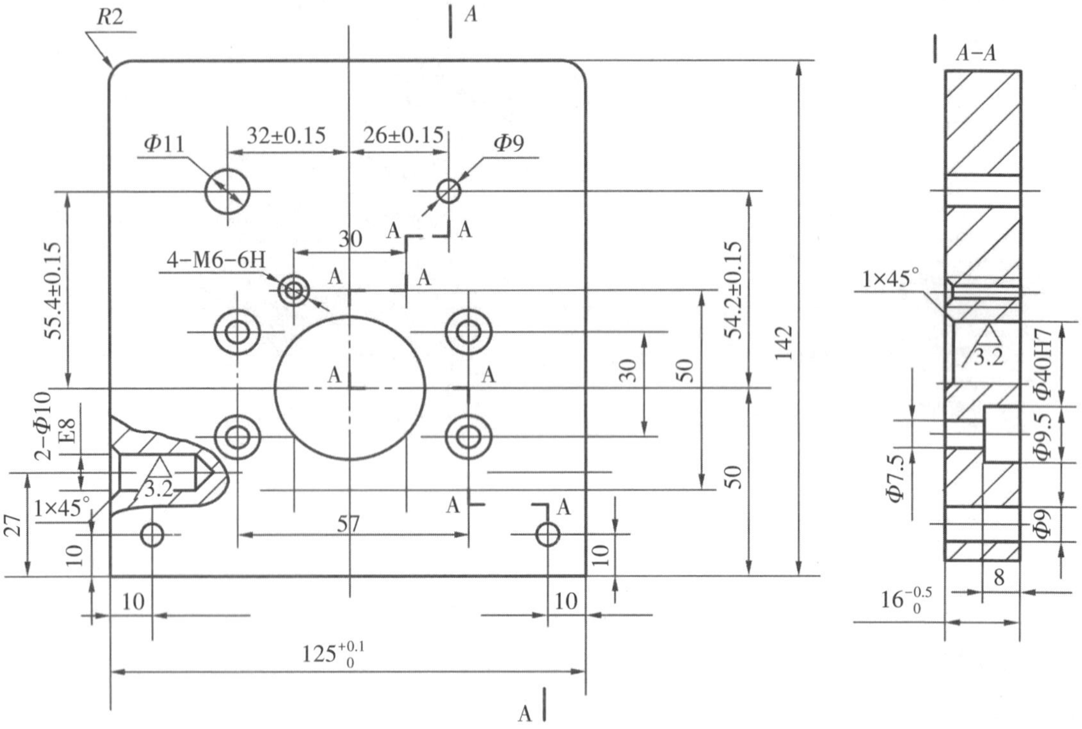

图6-2-16　孔加工Ⅱ零件图

一、操作技术要点

掌握多孔钻削的划线、定位方法。熟悉立钻、摇臂钻的操作技术和安全规程。

二、刀具、量具、和辅助工具

麻花钻头、角尺、游标卡尺、划规、压板、内径百分表、平口钳等。

三、操作步骤

(1)锉削工件，达到图样的外形尺寸要求。

(2)选择两相邻面为划线基准，按图样要求划各孔中心线、孔径线。

(3)按线钻孔、铰孔、锪平底孔，达到图样要求。

(4)用相应的圆柱销、进行复检。

四、评分标准

序号	质量检查内容	配分	评分标准	检测记录	得分
1	Φ40H7、Φ10H8	18分	一处超差扣6分		
2	中心距±0.15	24分	一处超差扣6分		
3	沉孔 Φ9.5、Φ7.5	12分	一处超差扣3分		
4	底孔 Φ5	4分	一处超差扣1分		
5	$125^{+0.1}_{0}$	12分	超差不得分		
6	未注公差尺寸	24分	一处超差扣1分		
7	铰孔 *Ra*3.2	6分	一处超差扣2分		
8	安全文明生产	只扣分	违章扣5~10分		

五、任务图

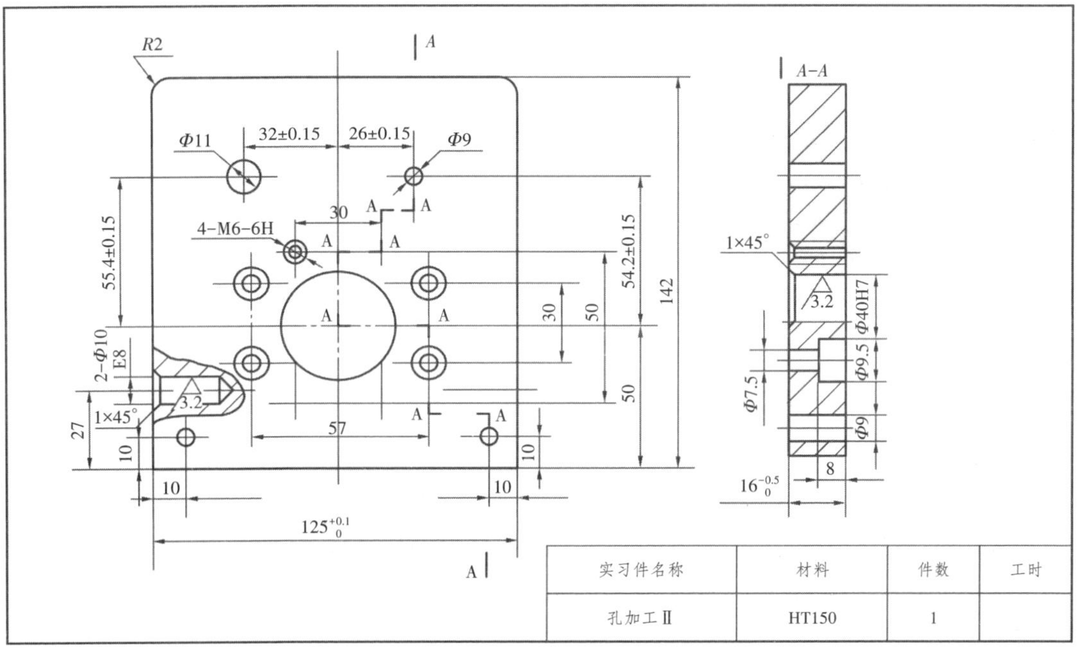

实训课题Ⅲ：孔加工Ⅲ

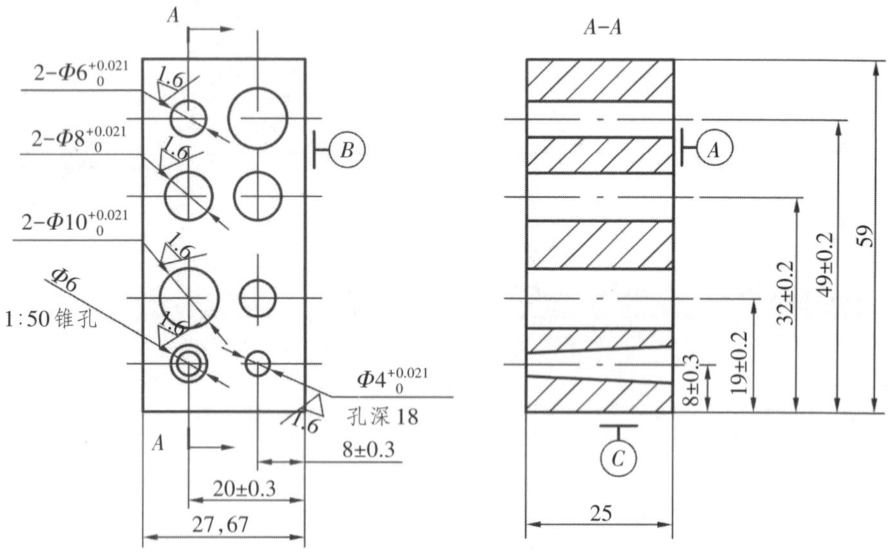

图6-2-17　孔加工Ⅲ零件图

一、操作技术要点

正确刃磨钻头，掌握钻孔、铰孔的技能。

二、刀具、量具、和辅助工具

钻头、铰刀、铰杠、角尺、游标卡尺、划规、平口钳等。

三、操作步骤

(1)接上道工序来料，按28.5×59.5(mm)尺寸要求划线，下料，锯成，修锉各加工面，达到图样要求。

(2)划各孔中心线，复检合格后，打上中心样冲眼。

(3)划好孔圆，对钻大孔的必须划出几个检查圆。

(4)将中心孔打大，以便准确落钻定心正确。

(5)按图钻孔、铰孔。钻削时，要留有铰削余量；钻削锥孔时，要先钻台阶孔；盲孔要用机用铰刀铰削。

(6)去毛刺，检查精度，修整。

四、评分标准

序号	质量检查内容	配分	评分标准	检测记录	得分
1	孔距±0.3	20分	一处超差扣2分		
2	孔距±0.2	12分	一处超差扣2分		
3	铰孔公差 $^{+0.021}_{0}$	36分	一处超差扣5分		
4	铰孔 *Ra*1.6	24分	一处超差扣3分		
5	*Φ*6、1∶50锥孔正确	8分	用锥销检查结果		
6	安全文明生产	只扣分	违章扣5~10分		

五、任务图

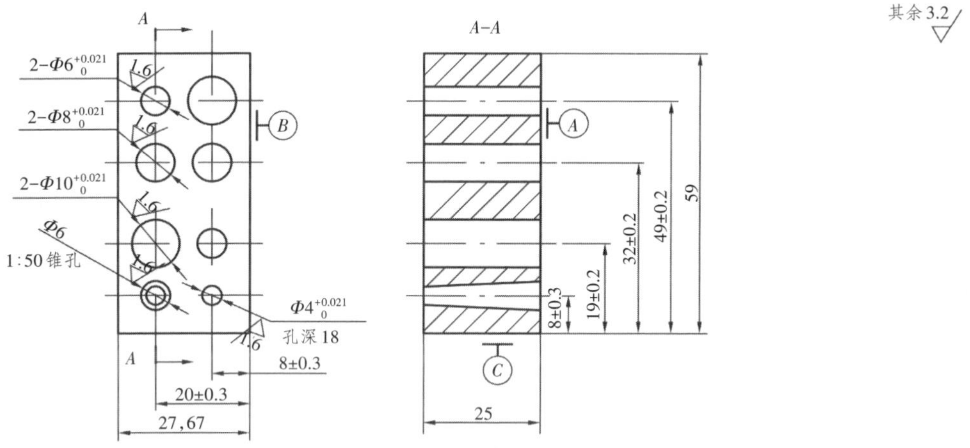

实习件名称	材料	件数	工时
孔加工Ⅲ	HT150	1	

项目七　螺纹加工

教学内容

螺纹加工基本知识；

螺纹加工基本技能。

实训课题Ⅰ：攻螺纹；

实训课题Ⅱ：套螺纹。

扫码看微课

螺纹加工

教学目标

【知识目标】

能说出内、外螺纹的加工方法与注意事项；

能计算内、外螺纹加工底孔、螺杆的直径。

【能力目标】

能根据要求加工合格的内螺纹；

能根据要求加工合格的外螺纹。

【素养目标】

懂得螺纹加工的安全操作规范；

有较强的质量意识与团队意识。

任务实施

任务一　螺纹加工基本知识

一、螺纹的种类

螺纹的种类很多，有标准螺纹、特殊螺纹和非标准螺纹，其中以标准螺纹最常用。在标准螺纹中，除管螺纹采用英制外，其他螺纹一般采用米制。标准螺纹的分类见表7-1-1。

表 7-1-1　标准螺纹的分类

标准螺纹	普通螺纹	粗牙普通螺纹	
		细牙普通螺纹	
	管螺纹	用螺纹密封的管螺纹	圆锥内螺纹
			圆锥外螺纹
			圆柱内螺纹
		非螺纹密封的管螺纹	圆柱管螺纹
	梯形螺纹		
	锯齿形螺纹		

二、螺纹主要参数的名称

(1)螺纹牙形

螺纹牙形是指在通过螺纹轴线的剖面上螺纹的轮廓形状，常见的有三角形、梯形、锯齿形等。在螺纹牙形上，两相邻牙侧间的夹角为牙形角，牙形角有55°(英制)、60°、30°等。

(2)螺纹大径(d或D)

螺纹大径是指与外螺纹牙顶或内螺纹牙底相切的假想圆柱或圆锥的直径。国标规定：米制螺纹的大径是代表螺纹尺寸的直径，称为公称直径。

(3)螺纹小径(d_1或D_1)

螺纹小径是指与外螺纹的牙底与内螺纹的牙顶相切的假想圆柱或圆锥的直径。

(4)螺纹中径(d_2或D_2)

螺纹中径是一个假想圆柱或圆锥的直径，该圆柱或圆锥的母线通过牙形上沟槽和凸起宽度相等的地方。该假想圆柱或圆锥称为中径圆柱或中径圆锥，中径圆柱或中径圆锥的直径称为中径。

(5)线数

螺纹线数是指一个圆柱表面上的螺旋线数目。它分单线螺纹、双线螺纹和多线螺纹。沿一条螺旋线所形成的螺纹为单线螺纹；沿两条或多条轴向等距离分布的螺旋线所形成的螺纹称为双线螺纹或多线螺纹。

(6)螺距(P)

螺距是指相邻两牙在中径线对应两点间的轴向距离。

(7)螺纹的旋向

右旋螺纹不加标注；左旋螺纹加“LH”标注。此外，螺纹的导程和螺纹旋合长度等也为螺纹的主要参数。

三、标准螺纹的代号及应用

表 7-1-2　标准螺纹的代号及应用

螺纹类型	牙形代号	代号示例	代号说明	应用
普通粗牙螺纹	M	M12	普通粗牙螺纹，外径 12 mm	用来紧固零件
普通细牙螺纹	M	M10×1.25	普通细牙螺纹，外径 10 mm，螺距 1.25 mm	自锁能力强，一般用来锁薄壁零件和对防振要求较高的零件
梯形螺纹	Tr	Tr32×12/2—IT7	梯形螺纹，外径 32 mm，导程 12 mm，双线，7 级粗度	能承受两个方向的轴方向力，可作为传动杆，如车床的丝杆
锯齿形螺纹	B	B70×10	锯齿形螺纹，外径 70 mm，螺距 10 mm	能承受较大的单向轴向力，可作为传递单向负荷的传动丝杆

✲任务小结

1. 螺纹的种类。
2. 螺纹主要参数的名称。
3. 标准螺纹的代号及应用。

任务二 螺纹加工基本技能

一、攻螺纹

用丝锥在孔中切削加工内螺纹的方法称为攻螺纹。

1.攻螺纹工具

(1)丝锥(图7-2-1)

丝锥是加工内螺纹的工具,一般分为手用丝锥和机用丝锥。按其用途不同,可以分为普通螺纹丝锥、英制螺纹丝锥、圆柱管螺纹丝锥、圆锥管螺纹丝锥、板牙丝锥、螺母丝锥、校准丝锥及特殊螺纹丝锥等。其中,普通螺纹丝锥、圆柱管螺纹丝锥和圆锥管螺纹丝锥,是常用的三种丝锥。

通常手用丝锥中M6~M24的丝锥为两支一套,小于M6和大于M24的丝锥为三支一套,称为头锥、二锥、三锥。这是因为M6以下的丝锥强度低,易折断,分配给三个丝锥切削可使每一个丝锥担负的切削余量小,因而产生的扭矩小,从而保护丝锥不易折断。而M24以上的丝锥要切除的余量大,分配给三支丝锥后可有效减少每一支丝锥的切削阻力,以减轻工人的体力劳动。细牙螺纹丝锥为两支一组。

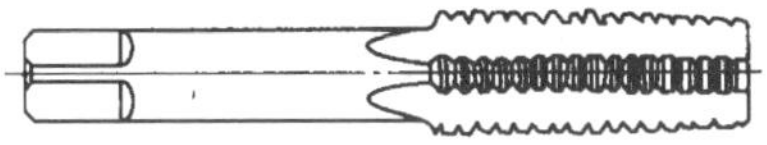

图7-2-1 丝锥

(2)丝锥的构造(图7-2-2)

丝锥由工作部分和柄部组成。工作部分包括切削部分和校准部分:切削部分磨出锥角,校准部分具有完整的齿形,柄部有方榫。

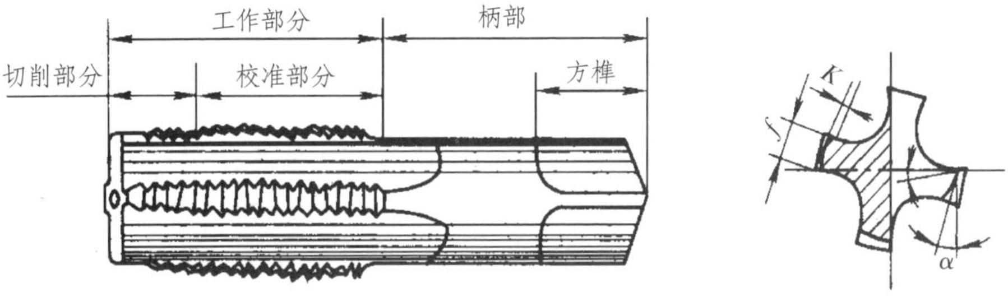

(a)外形　(b)切削部分和校准部分的角度

图7-2-2 丝锥的构造

(3)丝锥的几何参数

①前角(表7-2-1)、后角和倒锥。

表 7-2-1　丝锥的前角

被加工材料	铸青铜	铸铁	硬钢	黄铜	中碳钢	低碳钢	不锈钢	铝合金
前角 γ_o	0°	5°	5°	10°	10°	15°	15°~20°	21°~30°

丝锥切削部分的前角 γ_o 一般为 8°~10。丝锥的后角 α_o，一般手用丝锥 α_o=6°~8°，机用丝锥 α_o=10°~12°，齿侧为零度。丝锥的校准部分的大径、中径、小径均有(0.05~0.12)/100 的倒锥，以减少和螺孔的摩擦，减少所加工螺纹的扩张量。

②容屑槽(图 7-2-3)。

M8 以下的丝锥一般是三条容屑槽，M8~M12 的丝锥有三条也有四条的，M12 以上的丝锥一般是四条容屑槽。较大的手用和机用丝锥及管螺纹丝锥也有六条容屑槽的。

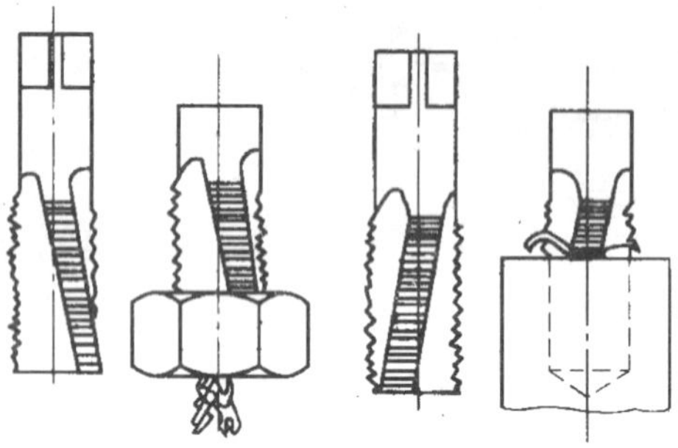

(a)左旋　　(b)右旋

图7-2-3　丝锥的容屑槽的方向与排屑

(4)成套丝锥的切削用量分配

成套丝锥负荷的分配，一般有两种形式：锥形分配(图 7-2-4)和柱形分配(图 7-2-5)。一套锥形分配切削量的丝锥中，所有丝锥的大径、中径、小径都相等，只是切削部分的长度和锥角不相等，也叫等径丝锥。当攻制通孔螺纹时，用头攻(初锥)一次切削即可加工完毕，二攻(也叫中锥)、三攻(底锥)则用得较少。一组丝锥中，每支丝锥磨损很不均匀。由于头攻能一次攻削成型，切削厚度大，切屑变形严重，加工表面粗糙，精度差。

一般 M12 以下丝锥采用锥形分配，M12 以上丝锥则采用柱形分配。柱形分配的丝锥的大径、中径、小径都不相等，叫不等径丝锥。即头攻(也叫第一粗锥)、二攻(第二粗锥)的大径、中径、小径都比三攻(精锥)小。头攻、二攻的中径一样，大径不一样。头攻大径小，二攻大径大。这种丝锥的切削量分配比较合理，三支一套的丝锥按顺序为 6∶3∶1 分担切削量，两支一套的丝锥按顺序为 7.5∶2.5 分担切削量，切削省力，各锥磨损量差别小，使用寿命较长。同时末锥(精锥)的两侧也参加少量切削，所以加工表面粗糙度值较小。一般 M12 以上的丝锥多属于这一种。柱形分配丝锥一定要最后一支丝锥攻过后，才能得到正确螺纹。

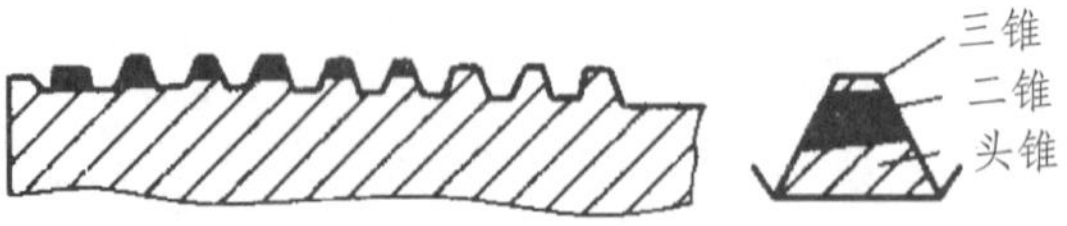

图7-2-4　锥形分配(等径丝锥)

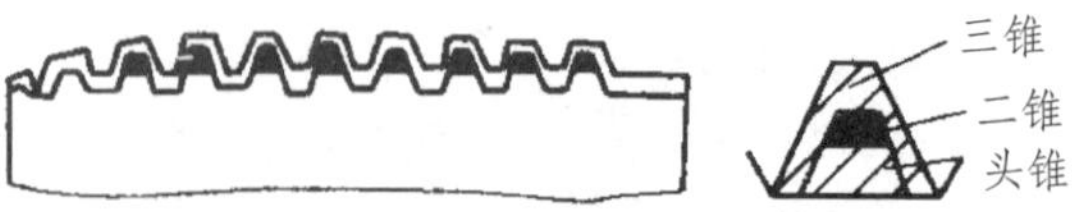

图7-2-5　柱形分配(不等径丝锥)

丝锥的修磨。当丝锥的切削部分磨损时，可以修磨其后刀面。修磨时要注意保持各刃瓣的半锥角及切削部分长度的准确性和一致性。转动丝锥时要留心，不要使另一刃瓣的刀齿碰擦而磨坏。当丝锥的校正部分有显著磨损时，可用棱角修圆的片状砂轮修磨其前刀面，并控制好一定的前角。

2. 铰杠

铰杠是手工攻螺纹时用的一种辅助工具。铰杠分普通铰杠和丁字形铰杠两类，如图7-2-6所示。常用的是可调式铰杠。旋转手柄可调节方孔的大小，以便夹持不同尺寸的丝锥。铰杠长度应根据丝锥尺寸大小进行选择，以便控制攻螺纹时的扭矩，防止丝锥因施力不当而扭断。

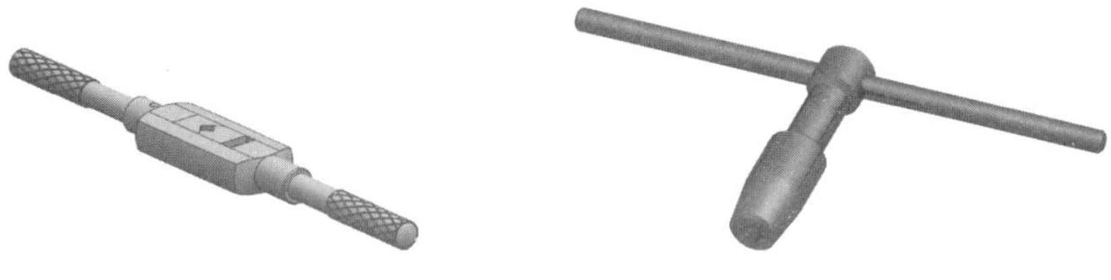

(a)普通铰杠　　(b)丁字形铰杠

图7-2-6　铰杠

3. 保险夹头

在钻床上攻螺纹时，通常用保险夹头来夹持丝锥，以免当丝锥的负荷过大或攻制不通螺孔到达孔底时，产生丝锥折断或损坏工件等现象。

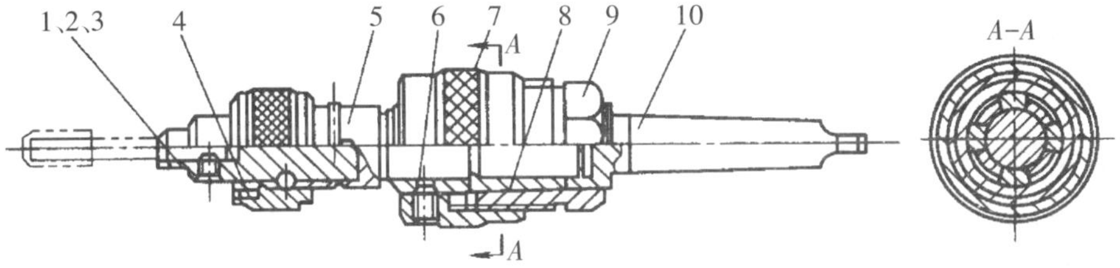

1、2、3-可换夹头；4-滑套；5-轴；6-螺钉；7-螺母；8-摩擦块；9-螺套；10-本体

图7-2-7　保险夹头

4. 攻螺纹方法

(1)攻螺纹前螺纹底孔直径(表7-2-2)和钻孔深度的确定

螺纹底孔直径的大小，应根据工件材料的塑性和钻孔时的扩张量来考虑，使攻螺纹时既有足够的空隙来容纳被挤出的材料，又能保证加工出来的螺纹具有完整的牙形。如图7-2-8所示。

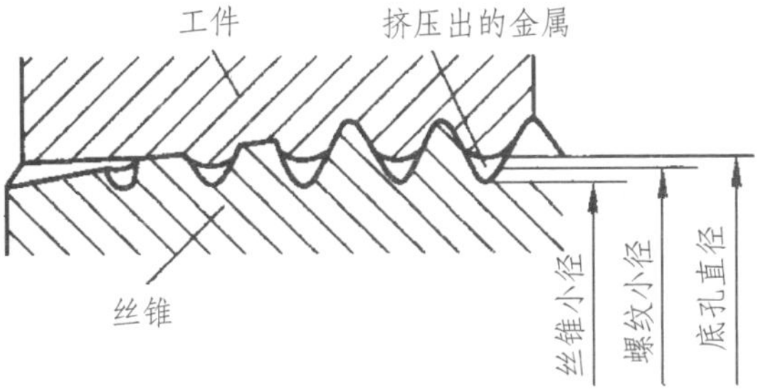

图7-2-8　攻螺纹前的挤压现象

表 7-2-2　螺纹底孔直径的计算公式

被加工材料和扩张量	钻头直径计算公式
钢和其他塑性大的材料，扩张量中等	$D_0=D-P$
铸铁和其他塑性小的材料，扩张量较小	$D_0=D-(1.05\sim1.1)P$

攻不通孔螺纹时，一般取：钻孔深度=所需螺孔深度+0.7D。

（2）攻螺纹要点

①攻螺纹前螺纹底孔口要倒角，通孔螺纹两端孔口都要倒角。这样可使丝锥容易切入，并防止攻螺纹后孔口的螺纹崩裂。

②攻螺纹前，工件的装夹位置要正确，应尽量使螺孔中心线置于水平或垂直位置，其目的是攻螺纹时便于判断丝锥是否垂直于工件平面。

③开始攻螺纹时，应把丝锥放正，用右手掌按住铰杠中部沿丝锥中心线用力加压，此时左手配合做顺向旋进；或两手握住铰杠两端平衡施加压力，并将丝锥顺向旋进，保持丝锥中心与孔中心线重合，不能歪斜。

当切削部分切入工件1~2圈时，用目测或角尺检查和校正丝锥的位置。当切削部分全部切入工件时，应停止对丝锥施加压力，只需平稳地转动绞杠靠丝锥上的螺纹自然旋进。

④为了避免切屑过长咬住丝锥，攻螺纹时应经常将丝锥反方向转动1/4至1/2圈左右，使切屑碎断后容易排出；

⑤攻不通孔螺纹时，要经常退出丝锥，排除孔中的切屑。当将要攻到孔底时，更应及时排出孔底积屑，以免攻到孔底丝锥被轧住。

⑥攻通孔螺纹时，丝锥校准部分不应全部攻出头，否则会扩大或损坏孔口最后几牙螺纹。

⑦丝锥退出时，应先用铰杠带动螺纹平稳地反向转动，当能用手直接旋动丝锥时，应停止使用铰杠，以防铰杠带动丝锥退出时产生摇摆和振动，破坏螺纹粗糙度。

⑧在攻螺纹过程中，换用另一支丝锥时，应先用手握住旋入已攻出的螺孔中。直到用手旋不动时，再用铰杠进行攻螺纹。

⑨在攻材料硬度较高的螺孔时，应头锥、二锥交替攻削，这样可减轻头锥切削部分的负荷，防止丝锥折断。

⑩攻塑性材料的螺孔时，要加切削液。一般用机油或浓度较大的乳化液，要求高的螺孔也可用菜油或二硫化钼等。

二、套螺纹

用板牙在圆杆或管子上切削加工外螺纹的方法称为套螺纹。

1. 套螺纹工具

（1）圆板牙

外形像一个圆螺母，只是在它上面钻有几个排屑孔并形成刀刃。板牙是加工外螺纹的刀具，用合金工具钢9SiGr制成，并经热处理淬硬。板牙由切屑部分、定位部分和排屑孔组成。

圆板牙螺孔的两端有40°的锥度部分，是板牙的切削部分。定位部分起修光作用。板牙的外圆有一条深槽和四个锥坑，锥坑用于定位和紧固板牙。如图7-2-9所示。

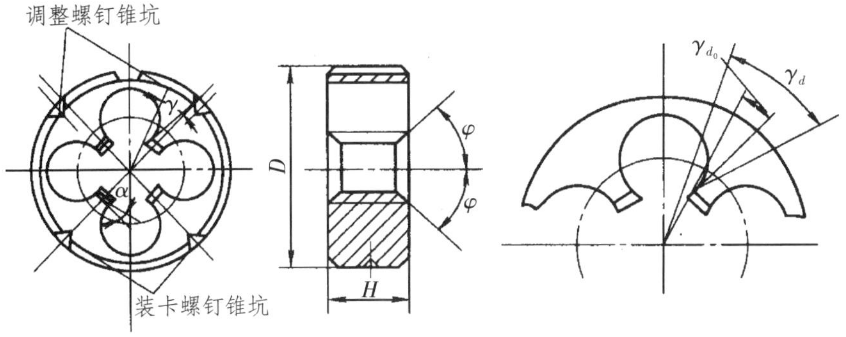

图7-2-9　圆柱板牙

（2）管螺纹板牙

管螺纹板牙分圆柱管螺纹板牙和圆锥管螺纹板牙。圆柱管螺纹板牙的结构与圆板牙相仿。圆锥管螺纹板牙的基本结构也与圆板牙相仿，只是在单面制成切削锥，只能单面使用。圆锥管螺纹板牙所有刀刃均参加切削，所以切削时很费力。板牙的切削长度影响管螺纹牙形的尺寸，因此套螺纹时要经常检查，不能使切削长度超过太多，只要相配件旋入后能满足要求就可以了。如图7-2-10所示。

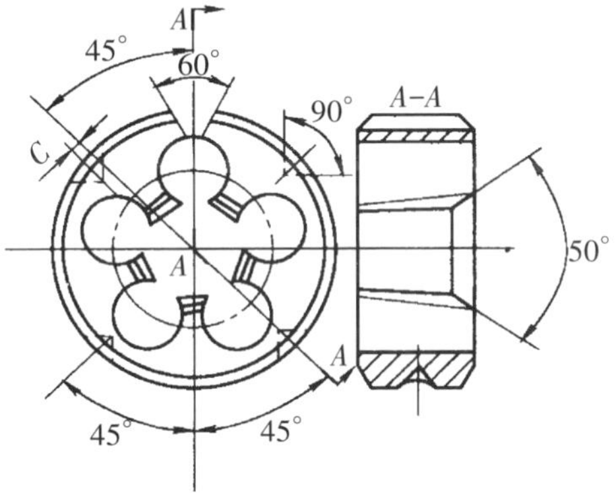

图7-2-10　圆锥管螺纹板牙

（3）板牙铰杠

板牙铰杠是手工套螺纹时的辅助工具，如图7-2-11所示。板牙铰杠的外圆旋有四只紧定螺钉和一只调松螺钉，使用时，紧定螺钉将板牙紧固在绞杠中，并传递套螺纹时的扭矩。当使用的圆板牙带有“V”形调整槽时，通过调节上面两只紧定螺钉和调整螺钉，可使板牙螺纹直径在一定范围内变动。板牙铰杆角度如图7-2-12所示。

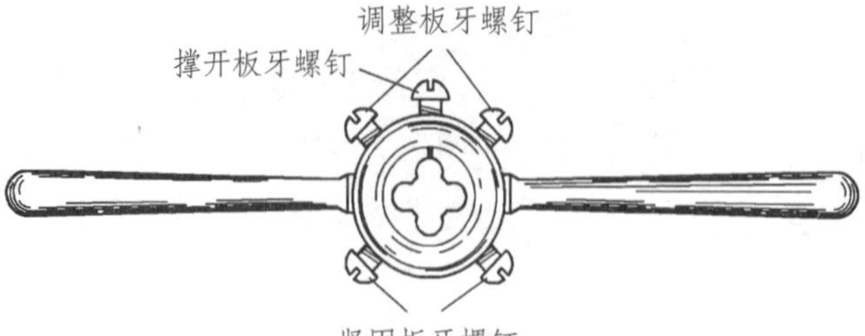

图7-2-11　板牙铰杠

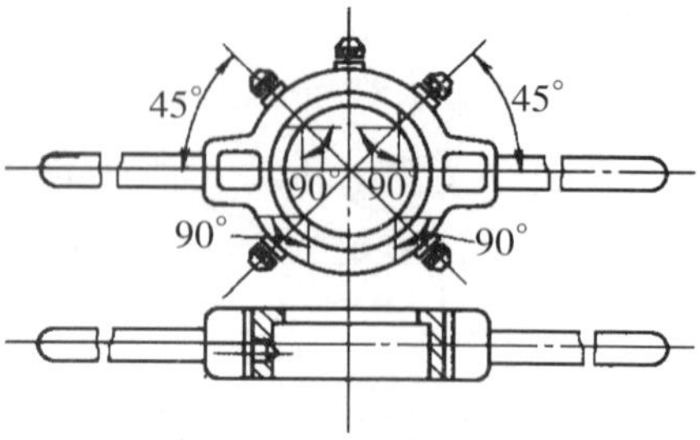

图7-2-12　板牙铰杠角度

2.套螺纹方法

(1)套螺纹前圆杆直径的确定

$$d_0 \approx d-(0.13-0.2)P$$

(2)套螺纹要点

①为使板牙容易对准工件和切入工件,套螺纹前圆杆端部应倒角,如图7-2-13所示。倒角长度应大于一个螺距,斜角为15°~20°。使圆杆端部要倒成圆锥斜角的锥体。锥体的最小直径可以略小于螺纹小径,使切出的螺纹端部避免出现锋口和卷边而影响螺母的拧入。

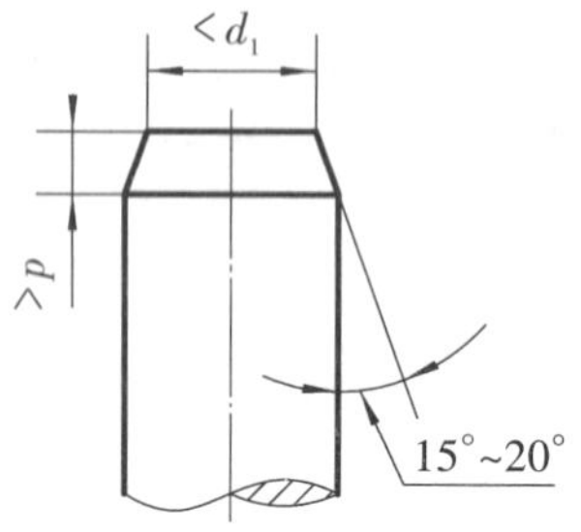

图7-2-13　圆杆端部倒角

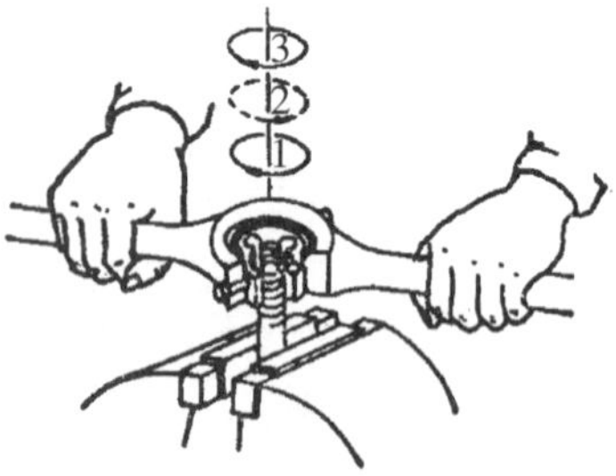

图7-2-14　套螺纹方法

②为了防止圆杆夹持出现偏斜和夹出痕迹,圆杆应装夹在用硬木制成的"V"形钳口或软金属制成的衬垫中,在加衬垫时圆杆套螺纹部分离钳口要尽量近。

③套螺纹时应保持板牙端面与圆杆轴线垂直,否则套出的螺纹两面会有深浅,甚至烂牙。

④在开始套螺纹时,可用手掌按住板牙中心,适当施加压力并转动绞杠。当板牙切入圆杆1~2圈时,应目测检查和校正板牙的位置。当板牙切入圆杆3~4圈时,应停止施加压力。仅平稳地转动绞杠,靠板牙螺纹自然旋进套螺纹。套螺纹方法,如图7-2-14所示。

⑤为了避免切屑过长,套螺纹过程中板牙应经常倒转。

⑥在钢件上套螺纹时要加切削液,以延长板牙的使用寿命,减小螺纹的表面粗糙度。

(3)套丝操作方法

套丝与攻丝在操作步骤和操作方法上十分相似。装夹检查时要使切削刃具垂直于工件(套丝:板牙平面与圆杆垂直;攻丝:头锥与孔口平面垂直)。开始时用加压旋转方式进行切削,力求刃具与工件保持垂直。在切削过程中要及时倒转刃具断去切屑。与攻丝不同之处主要表现为板牙装入板牙铰杠的方法与丝锥装入丝锥铰杠的方法有所不同。观察板牙模具，认出板牙有斜角一面的特征：该面刀齿围成的内圆孔口要比另一面孔口稍大一些。通常板牙有斜角的一面上无字。

三、螺纹加工安全操作规程

螺纹加工安全操作规程与钻削相同。

✲任务小结

1. 攻螺纹。

2. 套螺纹。

实训课题：攻丝

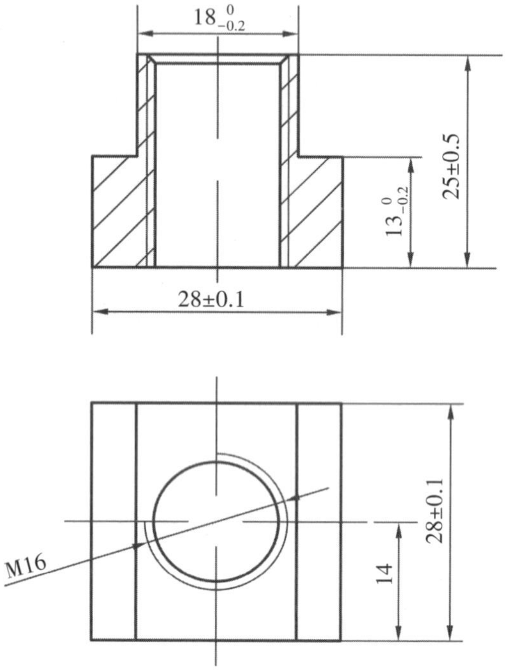

图7-2-15　攻丝加工零件图

一、操作技术要点

掌握立式钻床的使用和保养，正确刃磨钻头及钻头装拆和工件的夹持方法。

二、刀具、量具、和辅助工具

锉刀、游标卡尺、丝锥、铰杠、高度游标卡尺等。

扫码看微课

攻丝

三、操作步骤

(1)划轮廓线，锯锉28×28×25，达到图样形位公差要求。

(2)划中心线，打样冲眼。

(3)划螺纹底孔Φ13.8圆线，按线钻孔。

(4)孔口处倒角Φ1.5×450。

(5)攻M16的螺纹，垂直度小于0.2。

(6)去毛刺，精度检查，修整。

四、评分标准

序号	质量检查内容	配分	评分标准	检测记录	得分
1	尺寸28±0.1	20分	一处超差扣10分		
2	尺寸25±0.5	20分	超差10扣分		
3	尺寸$13_{-0.2}^{0}$	18分	一处超差扣2分		
4	M16螺纹正确	10分	一处超差扣4分		
5	螺纹垂直度0.2	10分	一处超差扣2分		
6	*Ra*12.5	12分	一处超差扣2分		
7	M16与$13_{-0.2}^{0}$的对称度0.3	10分	一处超差扣1分		
8	安全文明生产	只扣分	违章扣5~10分		

五、任务图

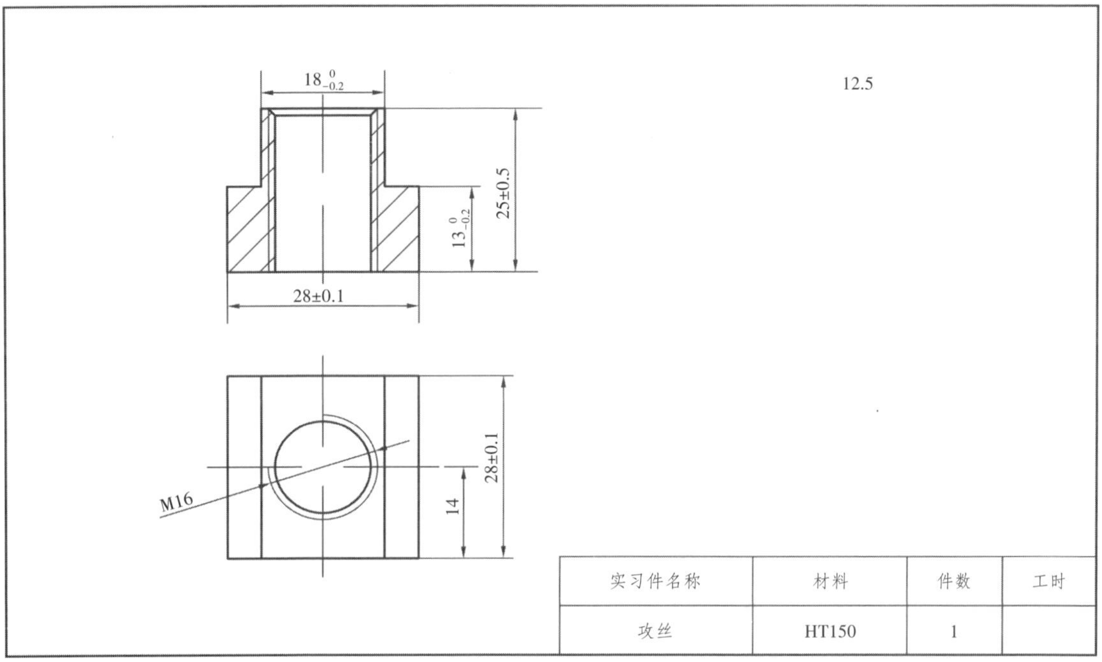

项目八 综合训练

教学内容

实训课题Ⅰ:相配燕尾板;

实训课题Ⅱ:制作鸭嘴锤头。

教学目标

【知识目标】

能熟练拟订钳工加工工艺路线,掌握钳工加工零件的定位与夹紧方案,锉刀选择等;

能掌握各类钳工典型零件的加工方法;

能对零件尺寸和精度要求进行正确的测量与分析;

熟练掌握钳加工用的钻床、台虎钳日常维护和保养;

培养学生独立工作的能力和安全文明生产的习惯。

【能力目标】

能根据零件图的要求,确定加工工艺和选择工艺装备;

能根据零件图的要求,加工合格的零件;

能根据零件图的要求,进行工件质量检测。

【素养目标】

培养学生的沟通能力及团队协作精神;

培养学生勤于思考、勇于创新、敬业乐业的工作作风;

培养学生的质量意识、安全意识和环境保护意识;

培养学生分析问题、解决问题的能力;

培养学生的交际和沟通能力;

培养学生良好的职业道德。

任务实施

综合训练Ⅰ：相配燕尾板

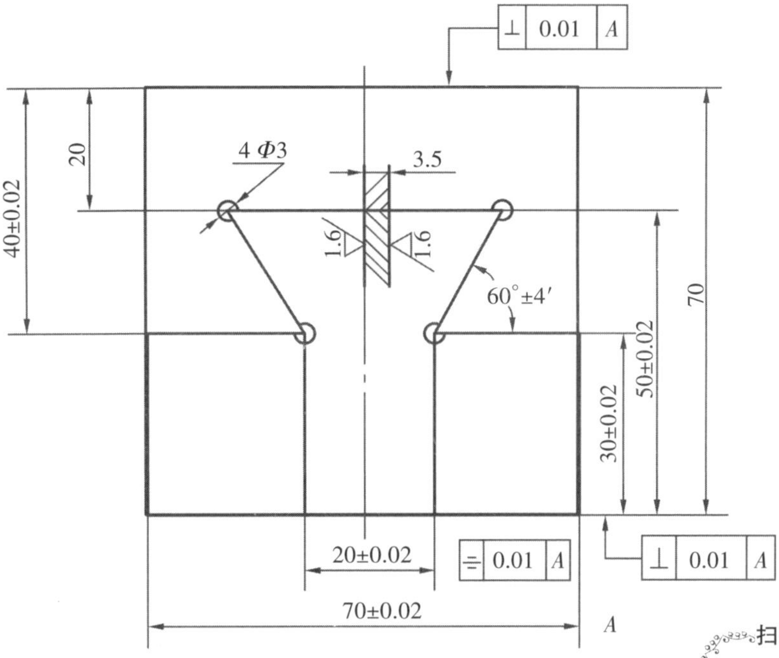

图8-1-1 相配燕尾板加工零件图

扫码看微课

相配燕尾板

一、操作技术要点

掌握相配有对称度要求工件的加工方法。

二、刀具、量具和辅助工具

划针、高度游标卡尺、手锯、钻头、锉刀、90°角尺、万能角度尺、刀口尺、千分尺、塞尺、游标卡尺等。

三、操作过程

(1)以大平面为基准，分别锉削凹、凸两件，要求非配合加工面互相垂直，宽度尺寸长度尺寸可留有0.05 mm左右精加工余量。

(2)分别划凹、凸工件加工线，凸件按图锉削，并保证对称度和尺寸公差要求，锯锉凹件以凸件来配作，并达到图样要求和换位要求。

(3)去毛刺，修整。

四、安全及注意事项

(1)加工时不准使用任何导向工具。

(2)用60°样板控制角度面的对称。

五、考核项目及评分标准

序号	质量检查内容	配分	评分标准	检测记录	得分
1	70±0.04（两处）	12分	超差不得分		
2	50±0.03	6分	超差0.01扣1分		
3	40±0.03	6分	超差0.01扣1分		
4	30±0.03	6分	超差0.01扣1分		
5	20±0.15	2分	超差0.02扣1分		
6	⊥ 0.04 *A*（两处）	8分	超差0.01扣1分		
7	⌯ 0.06 *A*	6分	超差0.01扣1分		
8	60°±4′（两处）	8分	超差0.01扣1分		
9	配合间隙＜0.05	10分	一处不合格扣2分		
10	调向间隙＜0.05	10分	一处不合格扣2分		
11	*Ra*1.6	16分	一处不合格扣1分		
12	倒角	4分	一处不合格扣0.5分		
13	安全文明生产	6分	酌情给分		

六、任务图

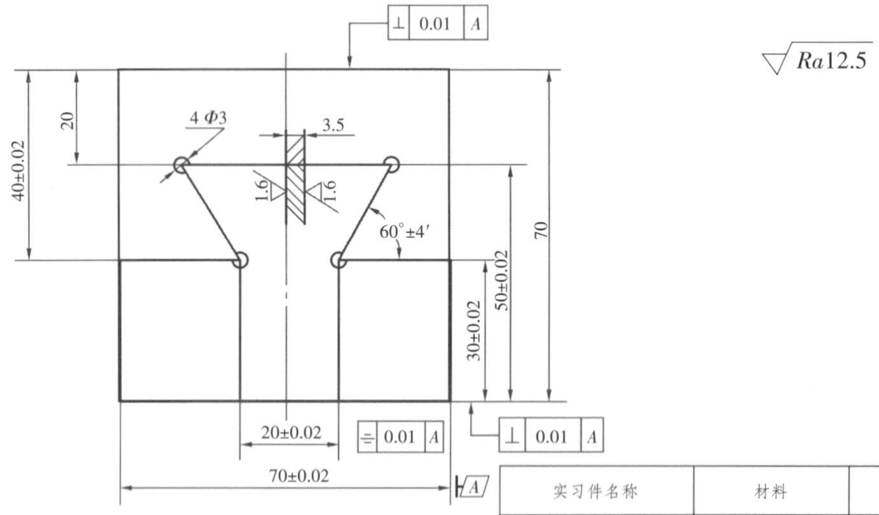

实习件名称	材料	件数	工时/h
燕尾板1	HT150	1	
燕尾板2	HT150	1	

综合训练Ⅱ：制作鸭嘴锤头

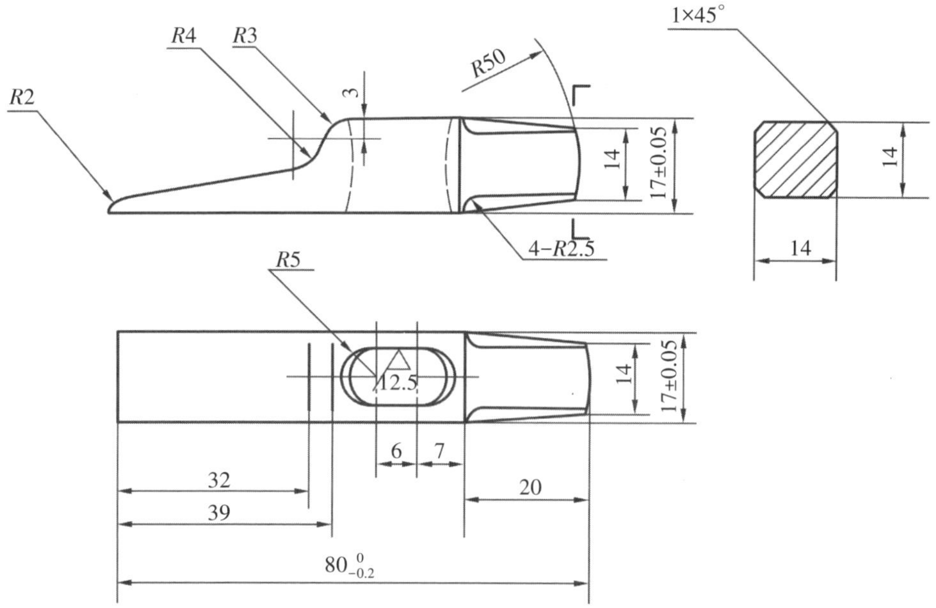

图8-1-2　制作鸭嘴锤头加工零件图

一、操作技术要点

通过制作鸭嘴锤头，掌握多种形面工件的锉削方法。

二、工具、量具和辅助工具

划针、划规、钢尺、手锯、锉刀、钻头、游标卡尺、直角尺、半径规、刀口尺、高度游标卡尺等。

三、操作过程

(1)检查用料，去氧化皮。

(2)先易后难，先加工17×17尺寸，完成尺寸公差、形位公差要求。

(3)加工一端面，保证此端面与四周相邻面垂直。

(4)分别以完成的加工面和端面为基准线，先加工20尺寸的锤头，划14×14尺寸的倒角锉成。

(5)钻孔，加工键型孔，锉平孔腰，最后加工斜面，用圆锉锉出*R*4、*R*3、*R*2内处圆弧，再锉出锤头*R*50。

(6)用砂纸打磨工件，完成粗糙度要求。

四、安全及注意事项

(1)工件钻孔时首先要找正夹紧,防止发生人身或质量事故。

(2)各面相接棱角清晰,各处圆角圆滑无棱,锉纹顺直,外表面无损伤。

五、考核项目及评分标准

序号	质量检查内容	配分	评分标准	检测记录	得分
1	(17±0.05) mm(2处)	15分	超差不得分		
2	($80_{-0.2}^{0}$)mm	10分	超差不得分		
3	腰孔形状偏差0.5 mm	15分	超差不得分		
4	外观要求(见注意事项)	45分	一项不合格扣5分		
5	*Ra*3.2	15分	一项不合格扣5分		
6	安全文明生产	只扣分	违章扣5~10分		

六、任务图

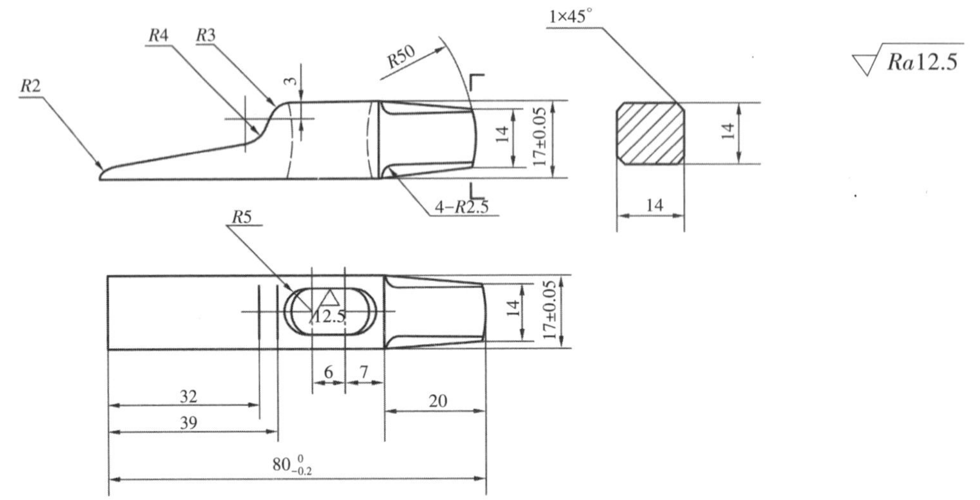

实习件名称	材料	件数	工时/h
鸭嘴锤头	45#钢	1	

实训工作页

技能训练一：平面划线

平面划线实习图

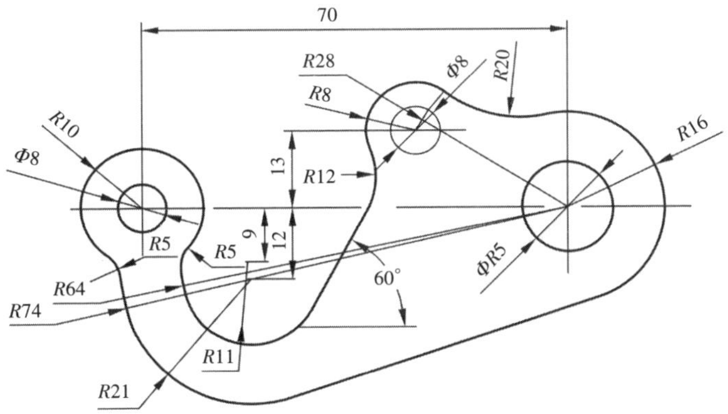

实习件名称	材料	件数	工时
平面划线	薄钢板	1	

实训课题(项目)		学时	
实训时间		实训场地	
实训目的			
实训任务			

实训内容及步骤	
实训心得	
指导教师批阅	

平面划线任务评价表

班级：　　　　　　　　　组别：　　　　　　　　　姓名：

项目	评价内容	评价等级（学生自评）		
		A	B	C
关键能力考核项目	遵守纪律，遵守学习场所管理规定，服从安排			
	安全意识、责任意识、“6S”管理意识，注重节约、节能与环保			
	学习态度积极主动，能参加安排的活动			
	团队合作意识，注重沟通，能自主学习及相互协作			
	仪容仪表符合活动要求			
专业能力考核项目	按时按要求独立完成工作页			
	工具、设备选择得当，使用符合技术要求			
	操作规范，符合要求			
	学习准备充分、齐全			
	注重工作效率与工作质量			
小组评语及建议		组长签名： 年　月　日		
教师评语及建议		教师签名： 年　月　日		

技能训练二：锯削钢件

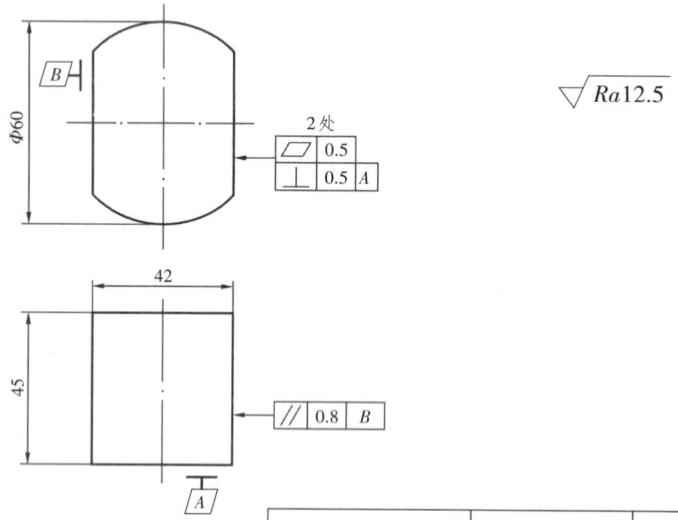

实习件名称	材料	件数	工时
锯削钢件	45#钢	1	

实训课题(项目)		学时	
实训时间		实训场地	
实训目的			
实训任务			

实训内容及步骤	
实训心得	
指导教师批阅	

锯削钢件任务评价表

班级：　　　　　　　　　　　组别：　　　　　　　　　　　姓名：

项目	评价内容	评价等级（学生自评）		
		A	B	C
关键能力考核项目	遵守纪律，遵守学习场所管理规定，服从安排			
	安全意识、责任意识、“6S”管理意识，注重节约、节能与环保			
	学习态度积极主动，能参加安排的活动			
	团队合作意识，注重沟通，能自主学习及相互协作			
	仪容仪表符合活动要求			
专业能力考核项目	按时按要求独立完成工作页			
	工具、设备选择得当，使用符合技术要求			
	操作规范，符合要求			
	学习准备充分、齐全			
	注重工作效率与工作质量			
小组评语及建议		组长签名： 年　月　日		
教师评语及建议		教师签名： 年　月　日		

技能训练三：锯割型材

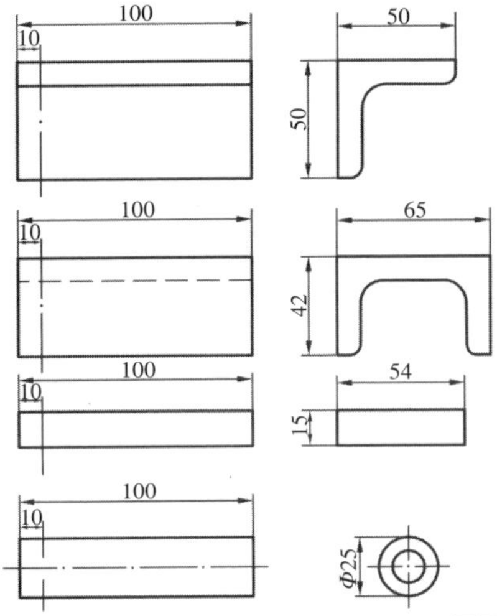

实习件名称	材料	件数	工时
锯割型材	$45^{\#}$钢	1	

实训课题(项目)		学时	
实训时间		实训场地	
实训目的			
实训任务			

实训内容及步骤	
实训心得	
指导教师批阅	

锯割型材任务评价表

班级：　　　　　　　　　　组别：　　　　　　　　　　姓名：

项目	评价内容	评价等级（学生自评）		
		A	B	C
关键能力考核项目	遵守纪律，遵守学习场所管理规定，服从安排			
	安全意识、责任意识、“6S”管理意识，注重节约、节能与环保			
	学习态度积极主动，能参加安排的活动			
	团队合作意识，注重沟通，能自主学习及相互协作			
	仪容仪表符合活动要求			
专业能力考核项目	按时按要求独立完成工作页			
	工具、设备选择得当，使用符合技术要求			
	操作规范，符合要求			
	学习准备充分、齐全			
	注重工作效率与工作质量			
小组评语及建议		组长签名： 年　月　日		
教师评语及建议		教师签名： 年　月　日		

技能训练四：錾削狭平面

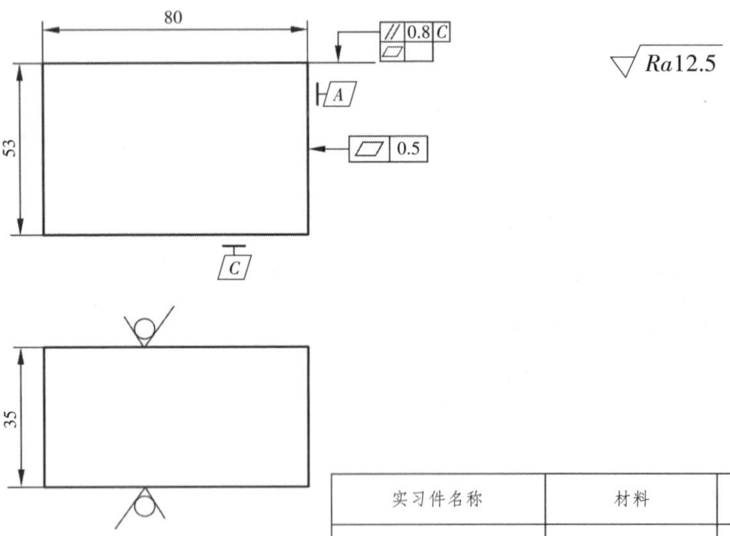

实习件名称	材料	件数	工时
錾削狭平面	HT150	1	

实训课题(项目)		学时	
实训时间		实训场地	
实训目的			
实训任务			

实训内容及步骤	
实训心得	
指导教师批阅	

錾削狭平面任务评价表

班级：　　　　　　　　　组别：　　　　　　　　　姓名：

项目	评价内容	评价等级（学生自评）		
		A	B	C
关键能力考核项目	遵守纪律，遵守学习场所管理规定，服从安排			
	安全意识、责任意识、“6S”管理意识，注重节约、节能与环保			
	学习态度积极主动，能参加安排的活动			
	团队合作意识，注重沟通，能自主学习及相互协作			
	仪容仪表符合活动要求			
专业能力考核项目	按时按要求独立完成工作页			
	工具、设备选择得当，使用符合技术要求			
	操作规范，符合要求			
	学习准备充分、齐全			
	注重工作效率与工作质量			
小组评语及建议		组长签名： 年　月　日		
教师评语及建议		教师签名： 年　月　日		

技能训练五：錾削直槽

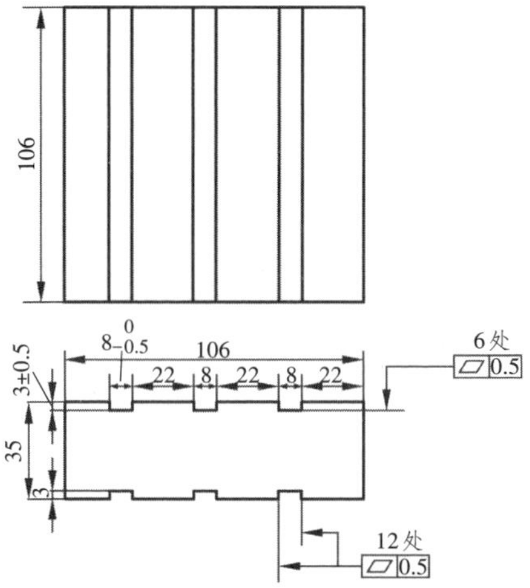

$\sqrt{Ra12.5}$

实习件名称	材料	件数	工时
錾削直槽	HT150	1	

实训课题(项目)		学时	
实训时间		实训场地	
实训目的			
实训任务			

实训内容及步骤	
实训心得	
指导教师批阅	

錾削直槽任务评价表

班级：　　　　　　　　　组别：　　　　　　　　　姓名：

项目	评价内容	评价等级（学生自评）		
		A	B	C
关键能力考核项目	遵守纪律，遵守学习场所管理规定，服从安排			
	安全意识、责任意识、“6S”管理意识，注重节约、节能与环保			
	学习态度积极主动，能参加安排的活动			
	团队合作意识，注重沟通，能自主学习及相互协作			
	仪容仪表符合活动要求			
专业能力考核项目	按时按要求独立完成工作页			
	工具、设备选择得当，使用符合技术要求			
	操作规范，符合要求			
	学习准备充分、齐全			
	注重工作效率与工作质量			
小组评语及建议		组长签名： 年　月　日		
教师评语及建议		教师签名： 年　月　日		

技能训练六：錾削大平面

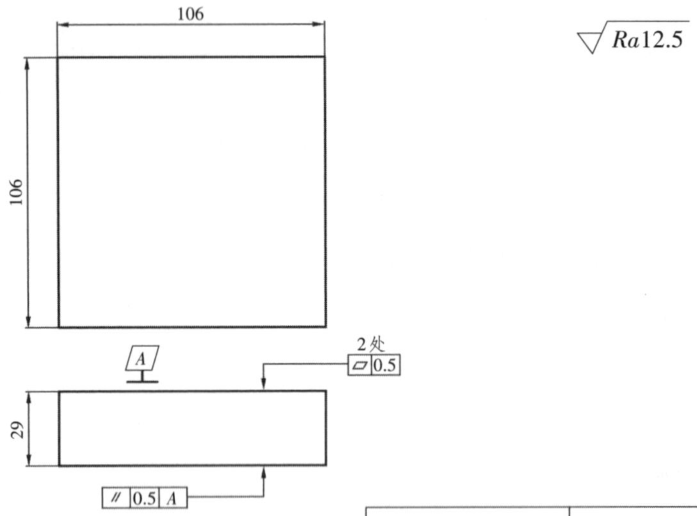

实习件名称	材料	件数	工时
錾削大平面	HT150	1	

实训课题(项目)		学时	
实训时间		实训场地	
实训目的			
实训任务			

实训内容及步骤	
实训心得	
指导教师批阅	

錾削大平面任务评价表

班级：　　　　　　　　　组别：　　　　　　　　　姓名：

项目	评价内容	评价等级（学生自评）		
		A	B	C
关键能力考核项目	遵守纪律，遵守学习场所管理规定，服从安排			
	安全意识、责任意识、“6S”管理意识，注重节约、节能与环保			
	学习态度积极主动，能参加安排的活动			
	团队合作意识，注重沟通，能自主学习及相互协作			
	仪容仪表符合活动要求			
专业能力考核项目	按时按要求独立完成工作页			
	工具、设备选择得当，使用符合技术要求			
	操作规范，符合要求			
	学习准备充分、齐全			
	注重工作效率与工作质量			
小组评语及建议		组长签名： 年　月　日		
教师评语及建议		教师签名： 年　月　日		

技能训练七：锉削正方形

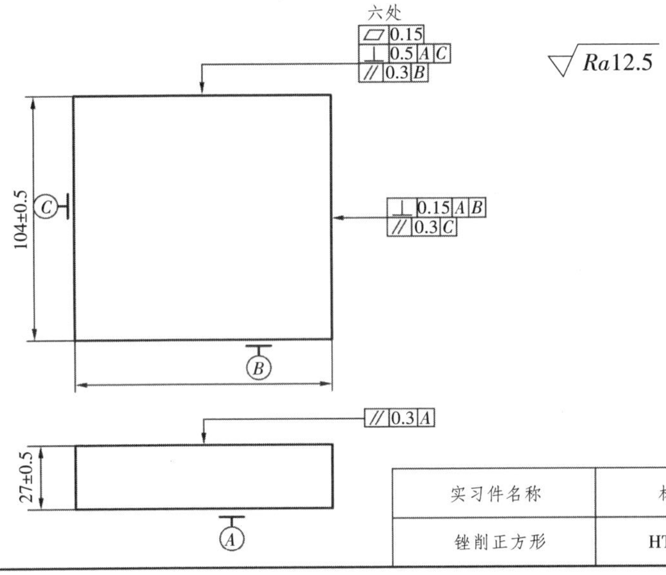

实习件名称	材料	件数	工时
锉削正方形	HT150	1	

实训课题(项目)		学时	
实训时间		实训场地	
实训目的			
实训任务			

实训内容及步骤	
实训心得	
指导教师批阅	

锉削正方形任务评价表

班级：　　　　　　　　　　　　组别：　　　　　　　　　　　　姓名：

项目	评价内容	评价等级（学生自评）		
		A	B	C
关键能力考核项目	遵守纪律，遵守学习场所管理规定，服从安排			
	安全意识、责任意识、“6S”管理意识，注重节约、节能与环保			
	学习态度积极主动，能参加安排的活动			
	团队合作意识，注重沟通，能自主学习及相互协作			
	仪容仪表符合活动要求			
专业能力考核项目	按时按要求独立完成工作页			
	工具、设备选择得当，使用符合技术要求			
	操作规范，符合要求			
	学习准备充分、齐全			
	注重工作效率与工作质量			
小组评语及建议		组长签名： 年　月　日		
教师评语及建议		教师签名： 年　月　日		

技能训练八：锉削正方体 Ⅰ

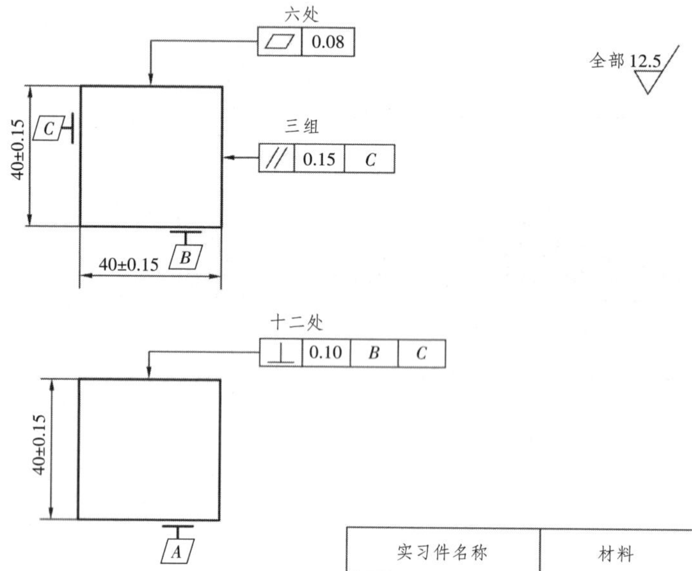

实习件名称	材料	件数	工时
锉削正方体	HT150	1	

实训课题(项目)		学时	
实训时间		实训场地	
实训目的			
实训任务			

实训内容及步骤	
实训心得	
指导教师批阅	

锉削正方体I任务评价表

班级：　　　　　　　　组别：　　　　　　　　姓名：

项目	评价内容	评价等级（学生自评）		
		A	B	C
关键能力考核项目	遵守纪律，遵守学习场所管理规定，服从安排			
	安全意识、责任意识、“6S”管理意识，注重节约、节能与环保			
	学习态度积极主动，能参加安排的活动			
	团队合作意识，注重沟通，能自主学习及相互协作			
	仪容仪表符合活动要求			
专业能力考核项目	按时按要求独立完成工作页			
	工具、设备选择得当，使用符合技术要求			
	操作规范，符合要求			
	学习准备充分、齐全			
	注重工作效率与工作质量			
小组评语及建议		组长签名： 年　月　日		
教师评语及建议		教师签名： 年　月　日		

技能训练九：锉削正方体Ⅱ

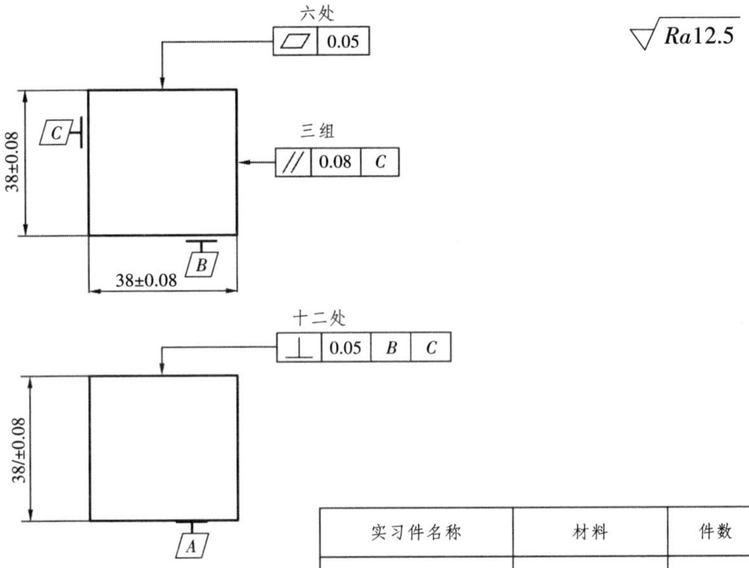

实习件名称	材料	件数	工时
锉削正方体	HT150	1	

实训课题(项目)		学时	
实训时间		实训场地	
实训目的			
实训任务			

实训内容及步骤	
实训心得	
指导教师批阅	

锉削正方体II任务评价表

班级：　　　　　　　　　　　　组别：　　　　　　　　　　　　姓名：

项目	评价内容	评价等级（学生自评）		
		A	B	C
关键能力考核项目	遵守纪律，遵守学习场所管理规定，服从安排			
	安全意识、责任意识、“6S”管理意识，注重节约、节能与环保			
	学习态度积极主动，能参加安排的活动			
	团队合作意识，注重沟通，能自主学习及相互协作			
	仪容仪表符合活动要求			
专业能力考核项目	按时按要求独立完成工作页			
	工具、设备选择得当，使用符合技术要求			
	操作规范，符合要求			
	学习准备充分、齐全			
	注重工作效率与工作质量			
小组评语及建议		组长签名： 年　月　日		
教师评语及建议		教师签名： 年　月　日		

技能训练十：锉削六方体

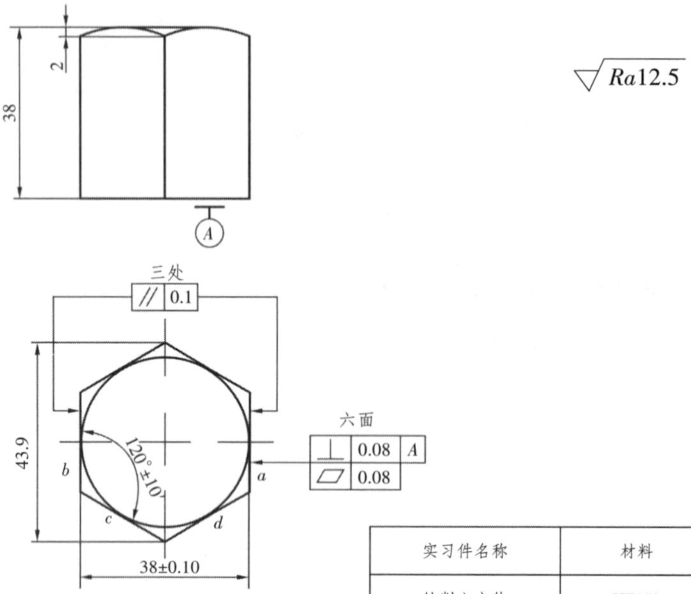

实习件名称	材料	件数	工时
锉削六方体	HT150	1	

实训课题(项目)		学时	
实训时间		实训场地	
实训目的			
实训任务			

实训内容及步骤	
实训心得	
指导教师批阅	

锉削六方体任务评价表

班级：　　　　　　　　组别：　　　　　　　　姓名：

项目	评价内容	评价等级（学生自评）		
		A	B	C
关键能力考核项目	遵守纪律，遵守学习场所管理规定，服从安排			
	安全意识、责任意识、“6S”管理意识，注重节约、节能与环保			
	学习态度积极主动，能参加安排的活动			
	团队合作意识，注重沟通，能自主学习及相互协作			
	仪容仪表符合活动要求			
专业能力考核项目	按时按要求独立完成工作页			
	工具、设备选择得当，使用符合技术要求			
	操作规范，符合要求			
	学习准备充分、齐全			
	注重工作效率与工作质量			
小组评语及建议		组长签名： 年　月　日		
教师评语及建议		教师签名： 年　月　日		

技能训练十一：六方体的锉削与倒圆角

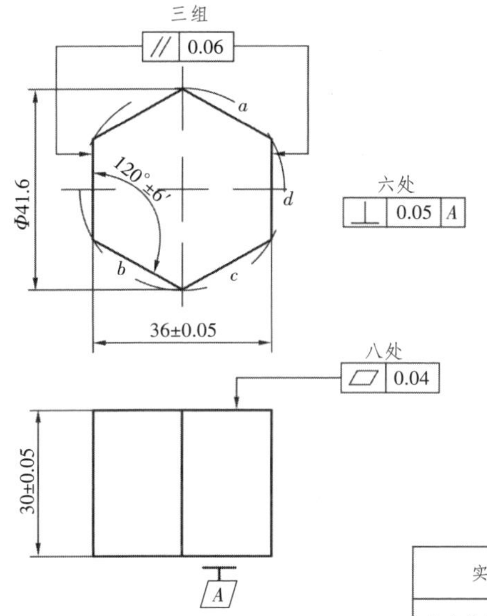

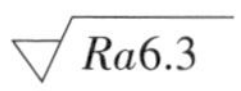

实习件名称	材料	件数	工时
六方体的锉削与倒圆角	HT150	1	

实训课题(项目)		学时	
实训时间		实训场地	
实训目的			
实训任务			

实训内容及步骤	
实训心得	
指导教师批阅	

六方体的锉削与倒圆角任务评价表

班级： 组别： 姓名：

项目	评价内容	评价等级（学生自评）		
		A	B	C
关键能力考核项目	遵守纪律，遵守学习场所管理规定，服从安排			
	安全意识、责任意识、“6S”管理意识，注重节约、节能与环保			
	学习态度积极主动，能参加安排的活动			
	团队合作意识，注重沟通，能自主学习及相互协作			
	仪容仪表符合活动要求			
专业能力考核项目	按时按要求独立完成工作页			
	工具、设备选择得当，使用符合技术要求			
	操作规范，符合要求			
	学习准备充分、齐全			
	注重工作效率与工作质量			
小组评语及建议		组长签名： 年 月 日		
教师评语及建议		教师签名： 年 月 日		

技能训练十二：孔加工 I

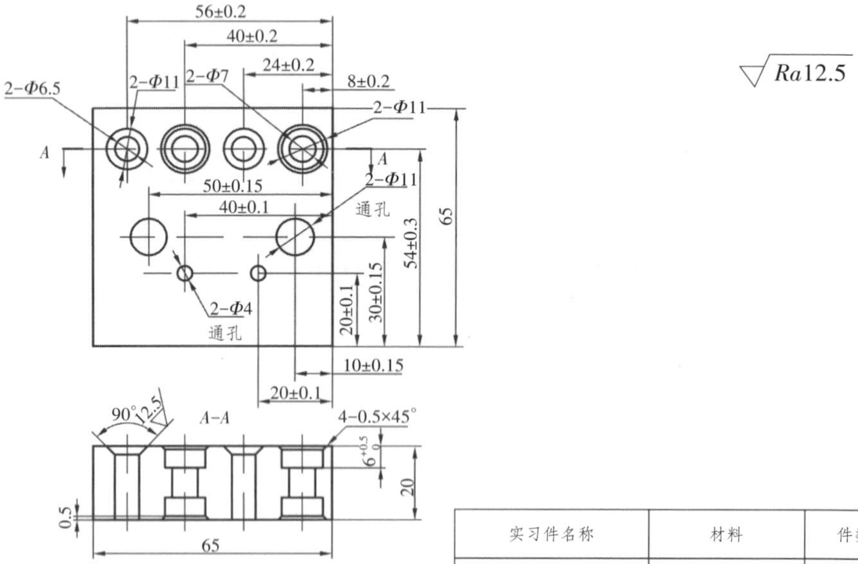

实习件名称	材料	件数	工时
孔加工练习 I	HT150	1	

实训课题(项目)		学时	
实训时间		实训场地	
实训目的			
实训任务			

实训内容及步骤	
实训心得	
指导教师批阅	

孔加工Ⅰ任务评价表

班级：　　　　　　　　　　组别：　　　　　　　　　　姓名：

项目	评价内容	评价等级（学生自评）		
		A	B	C
关键能力考核项目	遵守纪律，遵守学习场所管理规定，服从安排			
	安全意识、责任意识、“6S”管理意识，注重节约、节能与环保			
	学习态度积极主动，能参加安排的活动			
	团队合作意识，注重沟通，能自主学习及相互协作			
	仪容仪表符合活动要求			
专业能力考核项目	按时按要求独立完成工作页			
	工具、设备选择得当，使用符合技术要求			
	操作规范，符合要求			
	学习准备充分、齐全			
	注重工作效率与工作质量			
小组评语及建议		组长签名： 年　月　日		
教师评语及建议		教师签名： 年　月　日		

技能训练十三：孔加工Ⅱ

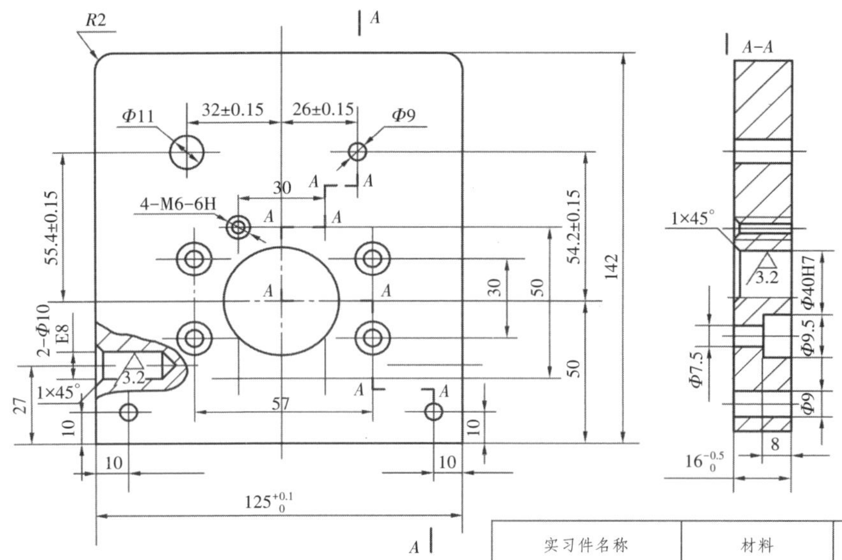

实习件名称	材料	件数	工时
孔加工练习Ⅱ	HT150	1	

实训课题(项目)		学时	
实训时间		实训场地	
实训目的			
实训任务			

实训内容及步骤	
实训心得	
指导教师批阅	

孔加工II任务评价表

班级：　　　　　　　　　　　组别：　　　　　　　　　　　姓名：

项目	评价内容	评价等级（学生自评）		
		A	B	C
关键能力考核项目	遵守纪律，遵守学习场所管理规定，服从安排			
	安全意识、责任意识、“6S”管理意识，注重节约、节能与环保			
	学习态度积极主动，能参加安排的活动			
	团队合作意识，注重沟通，能自主学习及相互协作			
	仪容仪表符合活动要求			
专业能力考核项目	按时按要求独立完成工作页			
	工具、设备选择得当，使用符合技术要求			
	操作规范，符合要求			
	学习准备充分、齐全			
	注重工作效率与工作质量			
小组评语及建议		组长签名： 年　月　日		
教师评语及建议		教师签名： 年　月　日		

技能训练十四：孔加工Ⅲ

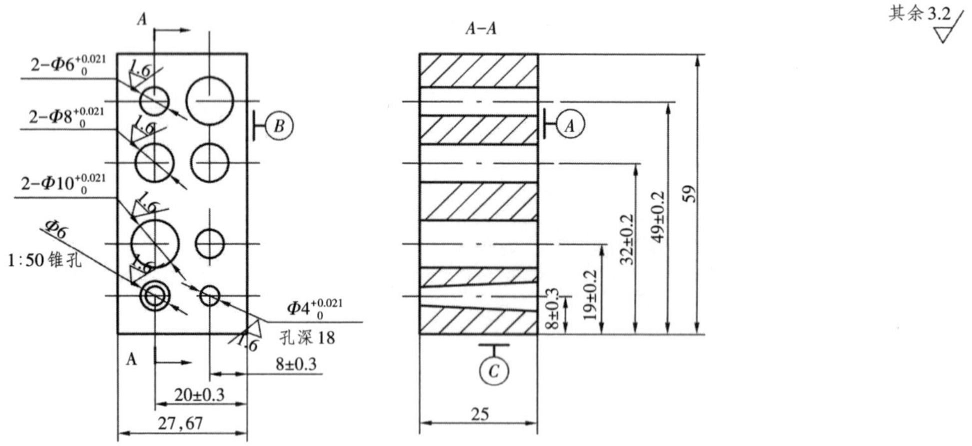

实习件名称	材料	件数	工时
孔加工练习Ⅲ	HT150	1	

实训课题(项目)		学时	
实训时间		实训场地	
实训目的			
实训任务			

实训内容及步骤	
实训心得	
指导教师批阅	

孔加工III任务评价表

班级：　　　　　　　　　　组别：　　　　　　　　　　姓名：

项目	评价内容	评价等级（学生自评）		
		A	B	C
关键能力考核项目	遵守纪律，遵守学习场所管理规定，服从安排			
	安全意识、责任意识、“6S”管理意识，注重节约、节能与环保			
	学习态度积极主动，能参加安排的活动			
	团队合作意识，注重沟通，能自主学习及相互协作			
	仪容仪表符合活动要求			
专业能力考核项目	按时按要求独立完成工作页			
	工具、设备选择得当，使用符合技术要求			
	操作规范，符合要求			
	学习准备充分、齐全			
	注重工作效率与工作质量			
小组评语及建议		组长签名： 年　月　日		
教师评语及建议		教师签名： 年　月　日		

技能训练十五：攻丝

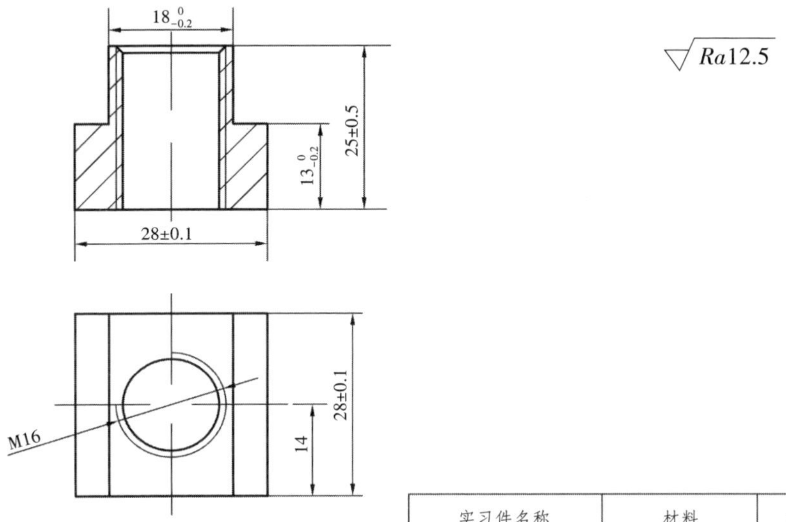

实习件名称	材料	件数	工时
攻丝	HT150	1	

实训课题(项目)		学时	
实训时间		实训场地	
实训目的			
实训任务			

实训内容及步骤	
实训心得	
指导教师批阅	

攻丝任务评价表

班级：　　　　　　　　　　　　组别：　　　　　　　　　　　　姓名：

项目	评价内容	评价等级（学生自评）		
		A	B	C
关键能力考核项目	遵守纪律，遵守学习场所管理规定，服从安排			
	安全意识、责任意识、“6S”管理意识，注重节约、节能与环保			
	学习态度积极主动，能参加安排的活动			
	团队合作意识，注重沟通，能自主学习及相互协作			
	仪容仪表符合活动要求			
专业能力考核项目	按时按要求独立完成工作页			
	工具、设备选择得当，使用符合技术要求			
	操作规范，符合要求			
	学习准备充分、齐全			
	注重工作效率与工作质量			
小组评语及建议		组长签名： 年　月　日		
教师评语及建议		教师签名： 年　月　日		

技能训练十六：相配燕尾板

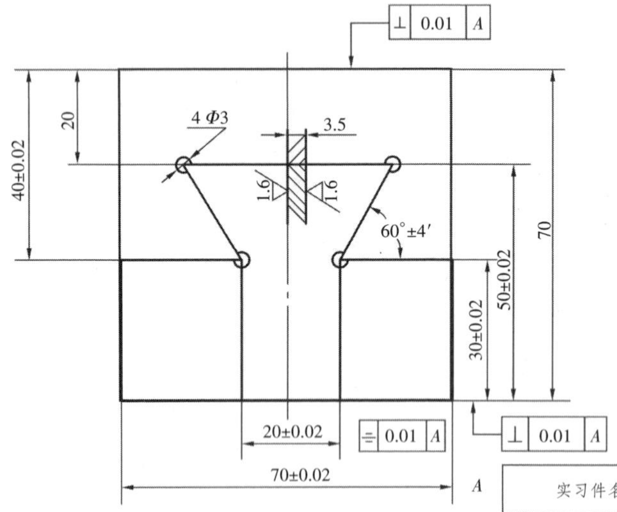

实习件名称	材料	件数	工时/h
燕尾板 1	HT150	1	
燕尾板 2	HT150	1	

实训课题(项目)		学时	
实训时间		实训场地	
实训目的			
实训任务			

实训内容及步骤	
实训心得	
指导教师批阅	

相配燕尾板任务评价表

班级：　　　　　　　　　　组别：　　　　　　　　　　姓名：

<table>
<tr><td rowspan="2">项目</td><td rowspan="2">评价内容</td><td colspan="3">评价等级
（学生自评）</td></tr>
<tr><td>A</td><td>B</td><td>C</td></tr>
<tr><td rowspan="5">关键能力考核项目</td><td>遵守纪律，遵守学习场所管理规定，服从安排</td><td></td><td></td><td></td></tr>
<tr><td>安全意识、责任意识、“6S”管理意识，注重节约、节能与环保</td><td></td><td></td><td></td></tr>
<tr><td>学习态度积极主动，能参加安排的活动</td><td></td><td></td><td></td></tr>
<tr><td>团队合作意识，注重沟通，能自主学习及相互协作</td><td></td><td></td><td></td></tr>
<tr><td>仪容仪表符合活动要求</td><td></td><td></td><td></td></tr>
<tr><td rowspan="5">专业能力考核项目</td><td>按时按要求独立完成工作页</td><td></td><td></td><td></td></tr>
<tr><td>工具、设备选择得当，使用符合技术要求</td><td></td><td></td><td></td></tr>
<tr><td>操作规范，符合要求</td><td></td><td></td><td></td></tr>
<tr><td>学习准备充分、齐全</td><td></td><td></td><td></td></tr>
<tr><td>注重工作效率与工作质量</td><td></td><td></td><td></td></tr>
<tr><td>小组评语及建议</td><td></td><td colspan="3">组长签名：

年　　月　　日</td></tr>
<tr><td>教师评语及建议</td><td></td><td colspan="3">教师签名：

年　　月　　日</td></tr>
</table>

技能训练十七：制作鸭嘴锤头

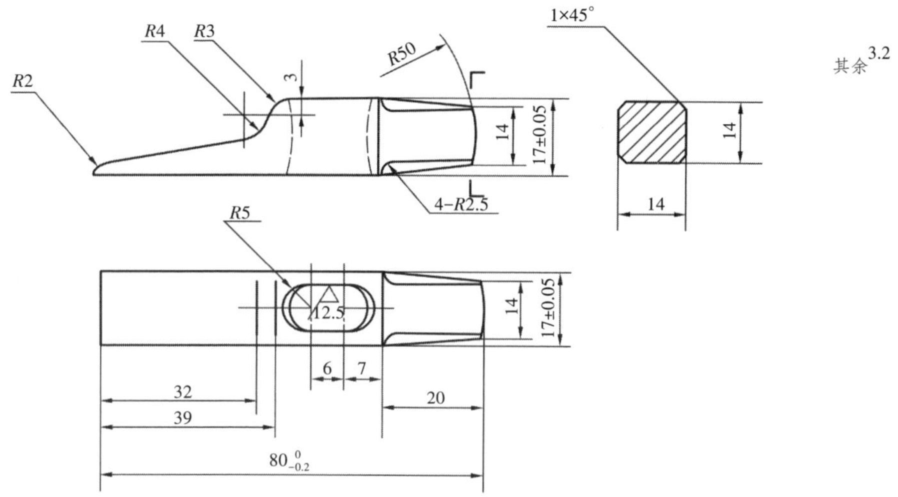

实习件名称	材料	件数	工时/h
制作鸭嘴锤头	45#钢	1	

实训课题(项目)		学时	
实训时间		实训场地	
实训目的			
实训任务			

实训内容及步骤	
实训心得	
指导教师批阅	

制作鸭嘴锤头任务评价表

班级：　　　　　　　　　　　　　组别：　　　　　　　　　　　　姓名：

项目	评价内容	评价等级（学生自评）		
		A	B	C
关键能力考核项目	遵守纪律，遵守学习场所管理规定，服从安排			
	安全意识、责任意识、“6S”管理意识，注重节约、节能与环保			
	学习态度积极主动，能参加安排的活动			
	团队合作意识，注重沟通，能自主学习及相互协作			
	仪容仪表符合活动要求			
专业能力考核项目	按时按要求独立完成工作页			
	工具、设备选择得当，使用符合技术要求			
	操作规范，符合要求			
	学习准备充分、齐全			
	注重工作效率与工作质量			
小组评语及建议		组长签名： 年　月　日		
教师评语及建议		教师签名： 年　月　日		

习 题

一、走进钳工

一、填空题

1.钳工是使用__________并经常在台虎钳上进行__________的一个工种。

2.钳工按工作内容性质来分，主要分为__________、__________和__________等3类。

3.台虎钳是用来夹持的__________工具，其规格以钳口的__________来表示，常用的有________mm、________mm、________mm等。

4.砂轮机由__________、__________、__________和__________等组成。

5.游标量具读数部分由__________与__________组成。

6.游标卡尺的示值误差有________mm、________mm、________mm三种规格。

7.测微量具按用途一般分__________、__________、__________、深度千分尺、壁厚千分尺、公法线千分尺等。

8.角度量具是用来测量角度类零件的。常用的角度量具有______________________和__________等。

9.检验平尺的用途主要是测量__________和__________。

10.__________是一种没有刻度的专用检验工具，它不能确定被检验零件的实测尺寸数值，而只能确定零件合格与否。

二、选择题（多选题）

1.钳工的主要任务有（　　）。

A.加工零件　　B.装配　　C.设备维修　　D.工具的制造和修理

2.普通型百分表的测量范围为（　　）。

A.0~3mm　　B.0~5mm　　C.0~10mm　　D.0~15mm

3.光滑量规根据用于测量内外尺寸的不同，分为（　　）。

A.卡规　　B.塞规　　C.环规　　D.圆规

4.下列工具中，属于简单量具的是（　　）

A.卡钳　　B.检验平尺　　C.刀口形直尺　　D.塞尺

5.钳工的加工范围是(　　)。

A.加工前的准备工作

B.加工精密零件

C.零件装配成机器时互相配合零件的调整,整台机器的组装、试车、调试等。

D.机器设备的保养维护

三、判断题

1.学生反复练习台虎钳装夹工件,要求将工件装夹在台虎钳钳口的上部,工件上表面距离钳口面10~15 mm。(　　)

2.钳工作业工作前按要求穿戴好防护用品。(　　)

3.使用游标卡尺测量前要将卡尺的测量面用软布擦干净,卡尺的两个量爪和拢,应不透光。量爪合拢后,游标零线应与尺身零线对齐。(　　)

4.当工作需要时,可以把游标卡尺的两个量爪当作扳手或划线工具使用。(　　)

5.千分尺的制造精度,主要由它的示值误差和测量面的平面平行度误差的大小来决定,制造精度可分为0级和1级两种,0级精度较高。(　　)

6.卡钳是一种直接读数量具。(　　)

7.塞尺若用0.03 mm一片能插入,而0.04 mm一片不能插入,这说明间隙ΔL在0.03~0.04 mm之间,所以塞尺也是一种极限量规。(　　)

8.量块是长度计量的基础,制造极精确,按制造精度分为六级:00、0、K、1、2、3,00级精度最高,3级精度最低,K级为校准级。(　　)

二、零件划线

一、填空题

1.__________是指在某些工件的毛坯或半成品上,按零件图样要求的尺寸划出加工界线或找正线的一种方法。

2.划线分为__________和__________两种,划线精度一般为________mm~________mm。

3.__________是在工件的一个表面上划线后即能明确表示加工界线。

4.__________是指在工件的几个不同的表面上同时进行划线(通常是相互垂直的表面上)。

5.__________是工件表面划线用的工具。

6.钢直尺是一种简单的测量工具和划直线的导向工具,在尺面上刻线,最小刻线间距为________mm,其规格有________mm、________mm、________mm、________mm。

7.对划线的要求是:线条清晰均匀,__________、__________尺寸准确。

二、选择题(多选题)

1.下列(　　　)属于划线的工具。

A.划针和划规　　　　B.样冲和榔头

C.划针盘和划线平板　　　　D.“V”形铁和90°角尺

2.下列说法正确的有(　　　)。

A.正确使用划线工具,划线时将划线工具整齐的摆放在划线台内,不得随地乱扔乱放

B.划线时,不得把划针当样冲使用

C.划线结束后,将划针放在安全的地方,不得将划针放进自己的口袋内或与其他工具堆放

D.不得将划线工具作为武器使用,不得用划线工具损坏公共设施设备

三、判断题

1.在机床上装夹复杂工件时,可按划线找正确定位。(　　)

2.“V”形铁也称“V”形架,用于支承圆柱形工件,使工件轴线与底板平行。(　　)

3.划线时,可以把划针当样冲使用。(　　)

4.立体划线可以正确地找正工件在划线平板上的位置,直接关系到工件后续加工,是零件加工中的重要操作。(　　)

5.为了提高生产效率,防止在加工工件时引起尺寸差错,通过划线来明确加工标志。(　　)

三、金属锯削

一、填空题

1.利用锯条锯断金属材料(工件)或者在工件上进行切槽的操作称为__________。

2.手锯由__________和__________两部分组成。

3.锯条的粗细应根据加工材料的__________、__________来选择。

4.锯齿的粗细是用锯条上每_______mm长度内的齿数来表示的。14~18齿为_______,22~24齿为_________,32齿为_________。

5.锯条的安装一定要注意观察锯条平面是否平行于__________平面,防止倾斜和扭曲。

二、选择题(多选题)

1.锯削工作范围包括(　　　)。

A.分割各种材料及半用品　　　　B.锯掉工件上多余部分

C.在工件上锯槽　　　　D.对零件进行修整

2.锯弓是用来夹持和拉紧锯条的工具,可分为(　　　　)。

A.固定式　　B.方形式　　C.弓形式　　D.可调式

三、判断题

1.锯条是用碳素工具钢或合金工具钢,经热处理制成,锯条的规格以锯条两端安装孔之间的距离来表示。(　　)

2.手锯是向前推时进行切割,在向后返回时不起切削作用,因此安装锯条时应锯齿向后。(　　)

3.起锯的方式有远边起锯和近边起锯两种,一般情况采用远边起锯。因为此时锯齿是逐步切入材料,不易卡住,起锯比较方便。(　　)

4.锯削时压力不可过大,速度不宜过快,以免锯条折断伤人。(　　)

5.锯弓的握法:右手推锯柄,左手大拇指扶在锯弓前面的弯头处,其他四指握住下部。锯割时推力和压力均主要由右手控制。左手所加压力不要太大,主要起扶正锯弓的作用。(　　)

四、金属錾削

一、填空题

1.__________是利用手锤敲击錾子对金属进行切削加工的一种操作方法。

2.手锤由__________、__________和__________组成。

3.挥锤方法有______________、______________、______________三种。

4.錾子的切削部分主要由__________、__________和它的交线组成。

5.錾子经过锻造后,须钳工进行热处理,而錾子的热处理包括__________和__________两个过程。

二、选择题(多选题)

1.錾子切削部分根据錾削对象的不同,可分为(　　　　)。

A.扁錾　　B.窄錾　　C.油槽錾　　D.尖錾

2.錾子的握法有(　　　　)。

A.正握法　　B.反握法　　C.立握法　　D.斜握法

三、判断题

1.采用錾削,可去除毛坯或铸件、锻件的飞边、毛刺、浇冒口、凸台,切割板料、条料、开槽以及对金属表面进行粗加工等。(　　)

2. 錾子切削部分的好坏直接影响錾削质量和錾削效率。（　　）

3. 錾子一般用合金工具钢煅打成型后，切削部分经刃磨和热处理而成，其硬度可达HRC56~HRC62。（　　）

4. 刃磨錾子时，应将錾子刃面置于旋转着的砂轮轮缘上，并略高于砂轮的中心，且在砂轮的全宽方向作左右移动。（　　）

5. 錾削飞边或毛刺时，应戴防护眼镜。（　　）

五、金属锉削

一、填空题

1. ________是指用锉刀对工件表面进行切削加工，使工件达到所要求的尺寸、形状和表面粗糙度的加工方法。

2. 锉刀由________、________、________、________和木柄等部分组成。

3. 锉刀齿的粗细要根据加工工件的________、________、________、________来选择。

4. 检查平面的直线度和平面度 用钢尺和直角尺以________来检查，要多检查几个部位并进行对角线检查。

二、选择题（多选题）

1. 锉削应用范围为（　　　）。

A. 内外平面　　B. 内外曲面　　C. 内外角　　D. 沟槽及各种复杂形状的表面

5. 锉刀按用途不同主要分为（　　　）。

A. 圆锉　　B. 普通锉（或称钳工锉）

C. 特种锉　　D. 整形锉（或称什锦锉）

4. 平面锉削方法有（　　　）。

A. 顺向锉法　　B. 逆向锉法　　C. 交叉锉法　　D. 推锉法

三、判断题

1. 锉削技能掌握的高低直接决定了钳工技能水平的高低。（　　）

2. 锉刀常用碳素工具钢 T10、T12 制成，并经热处理淬硬到 HRC60。（　　）

3. 普通锉按截面形状不同分为：平锉（扁锉）、方锉、圆锉、半圆锉和三角锉五种。（　　）

4. 加工尺寸大、余量大时，要选用大尺寸规格的锉刀，反之要选用小尺寸规格的锉刀。（　　）

5. 锉削时，不可用手触摸被锉过的工件表面，因手有油污会使锉削时锉刀打滑，而造成事故。（　　）

六、金属钻削

一、填空题

1.钳工加工孔的方法一般指________、________和________。

2.常用的钻床有________、________和________三种常用机床。

3.摇臂钻床主要由:________、________、________、主轴箱、工作台等部分组成。

4.电钻的电源电压一般有________和________两种。

5.麻花钻由________、________及________组成,

6.麻花钻两条主切屑刃之间通常为________±2°。

7.钻削用量包括三要素:____________、____________、____________。

8.用来锪平孔口端面的锪钻称为____________。

9.铰孔是应用较普遍的孔的精加工方法之一,其加工精度可达________级,表面粗糙度 Ra=3.2~0.8 μm。

二、选择题(多选题)

1.立式钻床简称立钻,规格用最大钻孔直径表示,其最大钻孔直径有(   )。

A.25 mm　　B.35 mm　　C.40 mm　　D.50 mm

2.切削液的种类分为(   )。

A.水溶液　　B.乳化液　　C.切削油　　D.玻璃水

3.铰刀一般分为(   )。

A.整体圆柱形机铰刀和手铰刀　　B.可调节的手铰刀

C.锥铰刀和螺旋槽手铰刀　　D.硬质合金机用铰刀等五类

三、判断题

1.用钻头在实体材料上加工出孔的方法叫钻孔。(   )

2.台式钻床,简称台钻,是一种在工作台上作业的小型钻床,其钻孔直径一般在 20 mm 以下。(   )

3.麻花钻是钻孔用的切削工具,常用高速钢(W18Cr4V2)制造,工作部分经热处理淬硬至 HRC62~HRC68。(   )

4.钻孔前要夹紧工件,一般要用台钳或压板将工件夹紧,固定可靠,不准用手握住工件钻孔;钻通孔时要加垫块或使钻头对准工作台的沟槽,防止钻头损坏工作台。(   )

5.锪孔时,由于锪孔的切削面积大,标准锪钻的切削刃数目多,切削较平稳,所以进给量为钻孔的 2~3 倍。(   )

6.同一浓度的切削液的黏度随温度的变化而不同,夏天和冬天相差较大。(   )

七、螺纹加工

一、填空题

1.螺纹牙形是指在通过螺纹轴线的剖面上螺纹的轮廓形状,常见的有__________、__________和__________等。

2.__________是指与外螺纹牙顶或内螺纹牙底相切的假想圆柱或圆锥的直径。

3.__________是指相邻两牙在中径线对应两点间的轴向距离。

4.用__________在孔中切削加工内螺纹的方法称为攻螺纹。

5.用__________在圆杆或管子上切削加工外螺纹的方法称为套螺纹。

二、选择题(多选题)

1.标准螺纹分为(　　)。

A.普通螺纹　　B.管螺纹　　C.梯形螺纹　　D.锯齿形螺纹

2.按其用途不同,常用的丝锥有(　　)。

A.普通螺纹丝锥　　B.圆柱管螺纹丝锥　　C.圆锥管螺纹丝锥　　D.机器丝锥

三、判断题

1.国标规定:米制螺纹的大径是代表螺纹尺寸的直径,称为公称直径。(　　)

2.左旋螺纹不加标注;右旋螺纹加“LH”标注。(　　)

3.板牙是加工外螺纹的刀具,用合金工具钢 9SiGr 制成,并经热处理淬硬。(　　)

4.为了避免切屑过长咬住丝锥,攻螺纹时应经常将丝锥反方向转动 1/4 至 1/2 圈左右,使切屑碎断后容易排出。(　　)

5.套螺纹时应保持板牙端面与圆杆轴线垂直,否则套出的螺纹两面会有深浅,甚至烂牙。(　　)

参考文献

1. 熊建武，徐文庆，谢学民．钳工实训［M］．西安：西安电子科学技术大学出版社，2021.

2. 程亮，尹文锋．机械制造综合创新实训教程［M］．北京：化学工业出版社，2020.

3. 王兵，何炬，宋小标．钳工从入门到精通［M］．北京：化学工业出版社，2019.

4. 厉萍，曹恩芬．钳工工艺与技能训练［M］．北京：机械工业出版社，2019.

5. 杨新田．钳工工艺与技能［M］．北京：兵器工业出版社，2018.

6. 杨志福．钳工基本技能［M］．重庆：西南师范大学出版社，2016.

7. 李东明，秦代华．钳工工艺及实训［M］．重庆：西南师范大学出版社，2010.

扫一扫

习题答案